中国轻工业“十四五”规划教材
高等职业教育食品检验检测技术专业教材

食品理化检验技术

主编
张红梅　朱建军

中国轻工业出版社

图书在版编目（CIP）数据

食品理化检验技术／张红梅，朱建军主编．—北京：中国轻工业出版社，2024.1

ISBN 978-7-5184-4467-0

Ⅰ．①食…　Ⅱ．①张…②朱…　Ⅲ．①食品检验—高等学校—教材　Ⅳ．①TS207.3

中国国家版本馆 CIP 数据核字（2023）第 106745 号

责任编辑：张　靓

文字编辑：刘逸飞　　责任终审：许春英　　封面设计：锋尚设计

版式设计：砚祥志远　　责任校对：吴大朋　　责任监印：张　可

出版发行：中国轻工业出版社（北京鲁谷东街 5 号，邮编：100040）

印　　刷：三河市国英印务有限公司

经　　销：各地新华书店

版　　次：2024 年 1 月第 1 版第 1 次印刷

开　　本：720×1000　1/16　印张：14.75

字　　数：312 千字

书　　号：ISBN 978-7-5184-4467-0　定价：46.00 元

邮购电话：010-85119873

发行电话：010-85119832　传真：010-85119912

网　　址：http://www.chlip.com.cn

Email：club@chlip.com.cn

如发现图书残缺请与我社邮购联系调换

191567J2X101ZBW

本书编写人员

主　　编　张红梅（锡林郭勒职业学院）

　　　　　　朱建军（锡林郭勒职业学院）

副 主 编　于　园（锡林郭勒职业学院）

参　　编　肖　芳（锡林郭勒职业学院）

　　　　　　崔丽娟（包头轻工职业技术学院）

　　　　　　张俊英（鄂尔多斯生态环境职业学院）

　　　　　　郑黎静（黄河水利职业技术学院）

　　　　　　徐艳伟（锡林郭勒盟疾病预防控制中心）

　　　　　　吴云芳（锡林郭勒盟食品科学与检测实验中心）

前言 PREFACE

党的二十大报告指出，要“推进职普融通、产教融合、科教融汇，优化职业教育类型定位”。为此，《食品理化检验技术》在充分调研乳、肉、粮油、果蔬等食品产业原料、中间品、成品等检验所需知识和素质的基础上，深入研究与教材内容结合途径，实现教育链与产业链的有效融合。为贯彻《高等学校课程思政建设指导纲要》，落实立德树人的根本任务，《食品理化检验技术》将“食以安，检以严，技以专，劳以勤”思政主线贯穿于教材中，培养学生的综合职业能力，使学生运用知识和技能去为企业创造价值，同时适应经济发展对技能型人才的要求。

本书是编者以职业典型工作任务为载体，按照原料不同、检验项目不同的顺序排列学习任务，通过行动式、体验式学习实现学生综合职业能力（专业能力+社会能力+方法能力）的提升。通过深入企业调研、认真分析食品检验技术应用工作岗位的典型工作任务，以典型任务为载体，将企业典型工作任务转化为具有教育价值的学习任务。在选取典型任务时，引入了职业技能大赛赛项和职业资格等级证书的考核点，实现食品检验专业基础知识及技能教学安排，同时又兼顾考级的知识点要求进行相关的教学安排，目的是培养学生的综合职业能力。

本书以项目划分，任务导向，共分为 6 大项目，24 个任务，内容包括食品理化检验基本操作、食品物理检验方法、食品常规指标测定、食品中矿物质的测定、食品中有害物质的测定、食品快速检测等，检验项目所使用的检验方法参考相应指标的现行国家标准或行业标准。每个任务包括任务导入、学习目标、相关知识、任务实施、任务评价、课后巩固等方面内容，兼顾课前预习、课中学习和课后练习，使学生在学习时形成连贯的知识体系，实现“做中学，学中做”。

本书绪论、食品理化检验工作准备、项目一和项目三任务五由张红梅编写，项目五任务三和项目六任务二由崔丽娟编写，项目二任务三和项目四任务二由徐艳伟编写，项目五任务一和项目六任务一由张俊英编写，项目二任务五和项目三中任务三、任务六由于园编写，项目二任务一、任务六、任务七和项目三任务一和项目五任务四由朱建军编写，项目二任务二和项目三任务二、任务四由肖芳编写，项目二任务四和项目四任务一由吴云芳编写，项目五任务二由郑黎静编写。

本书在编写过程中得到了许多同志的支持和帮助，参考了相关教材、国家标准、行业标准，并引用了数据和图文，在此表示衷心感谢。由于时间和水平有限，书中不足之处在所难免，欢迎广大读者提出宝贵意见。

编者

目 录 CONTENTS

绪 论

食品理化检验是一项重要的基础技术工作。无论是食品监督机构、食品生产企业，还是大专院校进行食品监督、生产和工艺研究时，经常需要测定食品的组成，即进行食品分析与检验。现代科学技术发展到今天，理化检验不仅仅是一种在工农业生产和科学研究中必不可少的检测手段，而且已经发展成为一门多学科、多专业，理论与实践紧密结合的综合性应用科学。据统计，在美国的各类实验室里，每天要进行几亿次的分析检验，一年的分析测试费用高达上千亿美元。理化检验技术的水平，是衡量一个国家科学技术水平的重要标志之一，理化检验工作的发展和提高，对深入认识自然界的规律、促进科学技术进步和国民经济的发展，起着十分重要的作用。

一、食品理化检验的内容及基本程序

（一）食品理化检验内容

食品理化检验内容主要包含以下三个方面。

1. 食品中营养成分及功能性成分分析

食品中含有各种营养成分，如水分、蛋白质、脂肪、碳水化合物、维生素和矿物质等，按照食品标签相关法规要求，所有的食品商品标签上都应注明该食品的主要配料、营养成分和能量。对于功能性食品，还应有其特殊功能成分的含量及介绍，所以食品理化分析包括食品商品标签所要求的所有项目的检测。营养成分的检测是食品分析的经常性项目和主要内容，检测的对象包括动物性食品、植物性食品以及饮料、调味品等。

2. 食品中污染物质的分析

食品中污染物质是指食物原有的或在加工、储藏时由于污染混入的，对人体有急性或慢性危害的物质。就其性质而言，这些污染物质可分为两类：一类是生物性污染，另一类是化学性污染。生物性污染如人畜共患病菌，此类污染物中比较常见的有黄曲霉毒素。化学性污染的来源主要是环境污染。另外，使用不符合要求的设备和包装材料以及加工不当都会对食品造成污染，这类污染物主要有残留农药、有毒重金属、亚硝胺、多氯联苯等。加强对污染物质的监测和控制，是保障人类健康的重要措施。

3. 食品添加剂的分析

食品添加剂是指食品在生产、加工、保存过程中，添加到食品中期望达到某种目的的物质。食品添加剂本身通常不作为食品来食用，也不一定具有营养价值，但加入后却能起到防止食品腐败变质，增强食品色、香、味的作用，因而在食品加工中使用十分广泛。食品添加剂多是化学合成的物质，如果使用的品类或数量不当，将会影响食品质量，甚至危害食用者的健康。因此，对食品添加剂的鉴定和检测也具有十分重要的意义。

（二）理化检验基本程序

食品理化检验一般包括以下步骤：

取样→预处理→分析检测→数据处理→判断品质

1. 取样

取样即样品的采集，从大量的待检食品中抽取一部分具有代表性的样品作为分析材料。取样是一项困难而又非常谨慎的操作过程，要求采集的样品必须具有代表性，能反映整批食品的品质。

2. 预处理

预处理即前处理，是进行分析检测前的一项重要工序。由于食品种类繁多，组成复杂，而且组分之间往往会相互干扰，使测定得不到准确的结果，所以要进行样品预处理，其目的是使被测组分与其他组分分开，或消除干扰物质，或使被测组分浓缩，或使样品适于后续分析步骤。预处理过程要求完整保留被测组分。

3. 分析检测

分析检测指根据食品的物理、化学性质，使用物理分析法、化学分析法和仪器分析法测定食品待测组分的含量，这是食品理化分析的核心步骤。

4. 数据处理

数据处理指利用数学方法对分析测出的数据进行处理分析，从而评判分析过程的合理性、重现性，分析数据的准确性、可靠性，由此得出科学的分析结果。

5. 判断品质

判断品质指在分析结果的基础上，参照有关标准，对被测食品的某方面品质做出科学合理的判断。

二、食品理化检验的任务

食品理化检验是食物营养评价与食品加工过程中质量保证体系的一个重要组成部分，它始终贯穿于食物资源的开发、食品加工生产与销售的全过程。无论是消费者、食品生产企业、政府监管机构，还是高等院校、科研院所等，都需要分析食品的组成和性质，以确保食品的营养性、安全性和可接受性，因此食品理化检验起到非常重要的作用。

1. 控制管理优化生产，监督和提高产品质量

食品分析检验工作者应与生产者紧密配合，开展食品工业生产中物料（原料、辅料、半成品、成品、副产品等）的质量检测及控制，发现影响质量的主要因素，从而监督物料质量，优化生产条件，促进生产和提高产品质量。

2. 政府管理部门对食品质量宏观监控

政府监督管理部门对生产企业的产品或市场的商品进行检验，以保证食品的质量。

3. 为食品新资源、新产品、新技术的开发提供技术手段

食品分析是食品科学研究中不可缺少的手段，在食品分析检验工作者开发新的食品资源、试制新的产品、改进生产工艺、创立新的分析检验方法等方面，都发挥着巨大的作用。

4. 对进出口食品的质量进行把关

在进出口食品的贸易中，商品检验机构中食品分析检验工作者需根据国际标准或供货合同对商品进行检测，以确定是否放行。

5. 为食品质量纠纷的解决提供技术依据

当发生食品质量纠纷时，第三方检验机构根据解决纠纷的有关机构如法院、质量管理行政部门等的委托，对有争议的产品做出仲裁检验，为有关机构解决产品质量纠纷提供技术依据。

三、食品理化检验的方法

1. 物理分析法

物理分析法是通过测定密度、黏度、折射率、旋光度等物质特有的物理性质来求出被测组分含量的方法。如密度法可测定糖液的浓度、酒中酒精含量以及检验牛乳是否掺水及脱脂等；折射率法可测定果汁、番茄制品、蜂蜜、糖浆等食品的固形物含量以及牛乳中乳糖含量等；旋光法可测定饮料中蔗糖含量、谷类食品中淀粉含量等。

2. 化学分析法

化学分析法以物质的化学反应为基础，使被测成分在溶液中与试剂作用，由

生成物的量或消耗试剂的量来确定被测组分含量的方法。化学分析法包括定性分析和定量分析。定量分析又包括重量分析法和容量分析法。化学分析法是食品理化检验技术中最基础、最基本、最重要的分析方法。

3. 仪器分析法

仪器分析法是利用精密仪器测量表征物质的某些物理或物理化学性质的参数以确定其化学组成、含量及化学结构的一类分析方法。包括物理分析法和物理化学分析法。

4. 物理化学分析法

物理化学分析法是通过测定物质的光学性质、电化学性质等物理化学性质来求出被测组分含量的方法。它包括光学分析法、电化学分析法、色谱分析法、质谱分析法等。食品理化检验中常用的是前三种方法。光学分析法又分为紫外-可见分光光度法、原子吸收分光光度法、荧光分析法等，可用于测定食品中无机盐、碳水化合物、蛋白质、氨基酸、食品添加剂、维生素等成分。电化学分析法又分为电导分析法、电位分析法、极谱分析法等。电导分析法可测定糖品灰分和水的纯度等；电位分析法广泛应用于测定 pH、无机盐、酸根离子、食品添加剂等成分；极谱法已应用于测定重金属、维生素、食品添加剂等成分。色谱分析法包含许多分支，食品理化检验中常用的是薄层色谱法、气相色谱法和高效液相色谱法，可用于测定有机酸、氨基酸、维生素、残留农药、黄曲霉毒素等成分。

5. 微生物分析法

微生物分析法是基于某些微生物生长需要特定的物质，通过对细菌、病毒进行观察、培养与检测，来判断微生物污染程度的分析检验方法。经典的方法有固体培养基法、液体培养基发酵法等。其方法条件温和，克服了化学分析法和仪器分析法中某些被测成分易分解的弱点，方法的选择性也高，常用于维生素、抗生素、激素等成分的分析中。

6. 酶分析法

酶分析法是利用酶的反应进行物质定性及定量的方法。酶是具有专一性催化功能的蛋白质，应用酶分析法进行分析的主要优点在于高效和专一，克服了用化学分析法测定时某些共存成分产生干扰以及类似结构的物质也可发生反应，从而使测定结果发生偏离的缺点。酶分析法具有简便、快速、准确、灵敏等优点。

四、食品质量标准的分类

随着经济和社会的不断发展，食品安全问题已受到全国关注，尤其自 2009 年以来，我国制定了《中华人民共和国食品安全法》，并相继出台与之配套的各种法律、法规。目前中国食品工业已形成了由国家标准、行业标准、地方标准和企业标准四级标准构成的标准化体系，并于 2006 年转化 ISO 22000：2005 食品安全管理体系为 GB/T 22000—2006《食品安全管理体系 食品链中各类组织的要求》，为我国食品安全和国际接轨拉开序幕。

食品安全标准大都按以下方法分类：一是根据制定标准的主体进行分类，包括国际标准、区域标准、国家标准、行业标准、地方标准和企业标准；二是根据标准的约束力进行分类，包括强制性标准和推荐性标准；三是根据标准化对象的基本属性进行分类，包括技术标准、管理标准和工作标准；四是根据标准信息载体进行分类，包括文字标准和实物标准；五是根据标准的要求程度进行分类，包括规范、规程和指南；六是根据标准的公开程度进行分类，包括可公开获得的标准和其他标准。上述标准分类中，最常见的是根据制定标准的主体进行分类。

食品安全国际标准主要由国际标准化组织（ISO）制定，此外，联合国粮农组织（FAO）世界卫生组织（WHO）也制定有关食品的国际标准。食品安全国际标准理论上没有强制性，但是各出口国企业必须遵守出口贸易中食品安全国际标准，属于事实采用，实际上具有一定的强制性。

食品安全区域标准是指区域标准化组织或区域标准组织通过并公开发布的食品安全标准，其种类通常按制定区域划分标准的组织进行划分。

食品安全国家标准是指由国家机构通过并公开发布的食品安全标准，是强制执行的标准，有“GB”字样。

食品安全行业标准是指由食品行业组织通过并公开发布的食品安全标准。目前，我国已发布涉及食品安全的国家标准、行业标准数千项，为保障食品安全提供了越来越严格规范的依据。

食品安全地方标准是指在国家的某个地区通过并公开发布的食品安全标准。对于没有国家标准和行业标准而又需要在省、自治区、直辖市范围内统一的食品卫生安全要求，要制定食品安全地方标准。

食品安全企业标准是由食品生产企业制定并由企业法人代表或其授权人批准，发布的食品安全标准。食品安全企业标准有两种情况：一是当企业生产的食品没有国家标准、行业标准和地方标准时，企业必须制定相应的企业标准作为组织生产的依据；二是当企业生产的食品已经有国家标准、行业标准或地方标准时，企业也可以根据需要制定严于国家标准、行业标准或地方标准要求的企业标准，以提高食品的安全水平。

五、食品理化检验技术的发展

随着科学技术的迅猛发展，世界各国为解决食品安全问题采取了各种控制措施，三聚氰胺事件、瘦肉精事件以及老坛酸菜事件，不断挑战着社会大众的底线，食品安全问题也逐渐得到了更多人的关注，政府也十分重视食品安全问题。各种检验方法不断得到完善、更新，在保证检测结果准确度的前提下，食品检验正朝着微量、快速、自动化的方向发展。许多高灵敏、高分辨率的仪器越来越多地应用于食品分析检验中，为食品的开发与研究、食品安全与卫生检验提供了更有力的手段。例如，毛细管电泳仪以样品处理简单，多组分同时测定，快速、自动化及越来越低的检出限，被广泛应用在食品农兽药残留、非法添加剂、生物毒素等方面的检测；酶联免疫吸附测定法试剂盒是基于免疫分析法开发的产品，在农药残留快速检测中得到广泛的应用；便携式拉曼光谱仪是利用表面增强拉曼光谱技术来完成食品中农兽药残留、非法添加物等的快速检测，并可以进行定量分析，同时由于检测方法简便快速、检测费用低、检测系统便携，便于在现场使用；还有便携式食品重金属快速分析仪等。另外，近几年核磁共振技术在食品领域研究成果颇多，被公认为最有前途的过程分析技术之一，核磁共振在线分析仪已广泛应用在食品加工过程中的食品成分和结构的快速分析中。

六、食品理化检验技术课程的学习要求

食品理化检验技术是一门实践性较强的专业技术课程，要求学生在掌握一般基础化学、分析化学知识和技能的基础上，掌握对各类食品在分析前的样品预处理方法；掌握食品理化分析中常用的物理分析法、化学分析法、仪器分析法等；掌握食品中一般营养成分、食品添加剂、矿物质、部分有毒有害物质等常见项目的常用分析方法、原理和操作过程；进一步熟练掌握分析实验操作技能和技巧。

学习本课程时，要求学生理论与实际相结合，树立辩证唯物主义的科学态度。在课堂学习中，对各种分析方法及有关原理能做到深刻理解、融会贯通。实验过程中充分预习，掌握实验原理和操作要点，做到心中有数，养成严肃认真、耐心细致、实事求是以及科学、严谨的良好工作作风。

通过本门课程的学习，培养学生的独立动手、独立思考、分析问题和解决问题的能力，培养学生初步开展科学研究工作的能力，提高学生的综合素质，为培养岗位职业能力和适应工作后继续学习奠定坚实基础。

食品理化检验工作准备

学习目标

❖ 知识目标

1. 掌握实验室用水和试剂分类方法。
2. 掌握化学品的储存方法和安全使用化学品。
3. 掌握实验防护用具的使用方法。
4. 掌握处理实验废弃物的方法。
5. 掌握压力容器的规范操作原理和方法。
6. 掌握安全事故的处理方法。

❖ 能力目标

1. 能正确使用防护用具。
2. 能安全使用水、电、气等。
3. 能安全使用和储存易制毒试剂。

❖ 素质目标

1. 通过学习实验室不同化学药品的特性、储存要求等树立学生实验安全意识。

2. 通过实验室水、电、气的管理和压力容器的使用等学习培养学生的实验责任心和自我保护意识。

3. 通过学习实验室废物的处理和易制毒试剂的使用和储存培养学生保护环境意识。

一、实验室用水和试剂分类

水是实验室常用的良好溶剂，溶解能力强，也可用于洗涤仪器等。随着分析仪器的发展和广泛应用，对水的质量的要求已成为关键性问题之一，尤其是在食品中药物残留和有害元素的检测以及降低实验空白方面都直接与水的纯净度有密切关系，超纯水就是经过水处理装置进行提炼的纯水。鉴于目前检验检疫实验室用水的概念不强、制备的纯度低、储存期间细菌污染严重等情况，本部分详细阐述了实验室用水的纯度要求，储存注意事项等，有利于确保实验数据的科学性和公正性。

1. 实验室用水外观要求

分析实验室用水，目视观察为无色透明液体。

2. 实验室用水级别

分析实验室用水的原水应为饮用水或适当纯度的水。

分析实验室用水分为三个级别：一级水、二级水和三级水。

（1）一级水　基本上不含溶解或胶态离子杂质及有机物，用于有严格要求的分析试验，包括对颗粒有要求的试验，如高效液相色谱分析用水。一级水可用二级水经过石英设备蒸馏或离子交换混合床处理后，再经 0.2μm 微孔滤膜过滤来制取。

（2）二级水　可含有微量的无机、有机或胶态杂质。二级水用于无机痕量分析等试验，如原子吸收光谱分析用水。二级水可用多次蒸馏或离子交换等方法制取。

（3）三级水　三级水适用一般实验室实验工作。三级水可用蒸馏或离子交换等方法制取，用于一般化学分析试验。分析实验室用水规格如表 1 所示。

表 1　分析实验室用水规格

名称	一级	二级	三级
pH 范围（25℃）	—	—	5.0~7.5
电导率（25℃）/(mS/m)	≤0.01	≤0.10	≤0.50
可氧化物质含量（以 O 计）/(mg/L)	—	≤0.08	≤0.4
吸光度（254nm，1cm 光程）	≤0.001	≤0.01	—
蒸发残渣［(105±2)℃］	—	≤1.0	≤2.0
可溶性硅（以 SiO_2 计）含量/(mg/L)	≤0.01	≤0.02	—

注：①由于在一级水、二级水的纯度下，难于测定其真实的 pH，因此，对一级水、二级水的 pH 范围不做规定。

②一级水、二级水的电导率需用新制备的水“在线”测定。

③由于在一级水的纯度下，难于测定可氧化物质含量和蒸发残渣，故对其限量不做规定。可用其他条件和制备方法来保证一级水的质量。

3. 实验室用水的其他分类

（1）蒸馏水（Distilled water） 实验室最常用的一种纯水，又称净水、纯水、纯净水，是经过处理后纯洁、干净，不含有杂质或细菌的水。蒸馏水以符合生活饮用水卫生标准的水为原水，通过电渗析法、离子交换法、反渗透法、蒸馏法及其他适当的加工方法制得。蒸馏水被密封于容器内，无色透明，可直接饮用。市场上出售的太空水、蒸馏水均属纯净水。蒸馏水能去除自来水内大部分的污染物，但挥发性的杂质无法去除，如二氧化碳、氨、二氧化硅以及一些有机物。新鲜的蒸馏水是无菌的，但储存后细菌易繁殖；此外，储存的容器也很讲究，若是非惰性的物质，离子和容器的塑性物质会析出造成二次污染。

（2）去离子水（Deionized water） 用离子交换法去除水中的阴离子和阳离子制得的化验用水，仅含0.01mg/L的溶解型溶质（水的电阻率为9.0MΩ·cm），常称为去离子水或离子交换水。去离子水水质高于蒸馏塔蒸馏出的蒸馏水水质，但水中仍然存在可溶性的有机物，可以污染离子交换柱从而降低其功效，去离子水存放后也容易引起细菌的繁殖。

（3）反渗透水（Reverse osmosis water） 其生成的原理是水分子在压力的作用下，通过反渗透膜成为纯水，水中的杂质被反渗透膜截留排出。反渗透水克服了蒸馏水和去离子水的许多缺点，利用反渗透技术可以有效地去除水中的溶解盐、胶体、细菌、病毒、细菌内毒素和大部分有机物等杂质，但不同厂家生产的反渗透膜对反渗透水的质量影响很大。

（4）超纯水（Ultra-pure grade water） 其标准是水电阻率为18.2MΩ·cm。但超纯水在总有机碳（TOC）、细菌、细菌内毒素等指标方面并不相同，要根据实验的要求来确定，如细胞培养则对细菌和细菌内毒素有要求，而HPLC则要求TOC低。

一般实验室用水不外乎三级水和蒸馏水这两种规格，但计量认证时则要求实验室用水必须按GB/T 6682—2008《分析实验室用水规格和试验方法》执行，可以看出，三级水与蒸馏水在外观、性状方面基本相同，控制的成分是一致的。药典中所载的蒸馏水的检验项目较GB/T 6682—2008中三级水的项目多而全，是因为蒸馏水除作实验用水外，还有药用的缘故。

4. 各类水质的内在关系

三级水可用蒸馏法、离子交换法制得；二级水可用多次蒸馏或离子交换等方法制取；一级水可用二级水经过石英设备蒸馏或离子交换混合床处理后，再经0.2μm微孔滤膜过滤来制取。生产出的蒸馏水和去离子水是否达到了实验室用水的技术指标，检验这一有力的科学依据。详细试验方法参照GB/T 6682—2008执行。

5. 实验室用水的制备

实验室对用水的质量要求取决于所要制备的标准水样的级别和待测组分的浓度水平，要选择与之适应的纯水级别及制备方法。

（1）蒸馏法　蒸馏分为单蒸馏和重蒸馏，在天然水或自来水没有污染的情况下，单蒸馏水就能接近纯水的纯度指标，但很难排除二氧化碳的溶入，水的电阻率很低，达不到 MΩ 级，不能满足许多新技术的需要。为了使单蒸馏水达到纯度指标，必须通过二次蒸馏，又称重蒸馏。一般情况下，经过二次蒸馏，能够除去单蒸馏水中的杂质，在一周内能够保持纯水的纯度指标不变。

另外，蒸馏水的出水管使用前应洗刷干净，用蒸馏水充分冲洗，保持通畅，并将内部洗刷干净，更换新鲜水。在烧制蒸馏水的过程中，每个环节都应避免手或其他未经新鲜蒸馏水冲洗过的器具与蒸馏水的接触，弃去头尾蒸出的水。注意出水流量的大小，一般可以用手测冷凝器外壳底部的温度，感到微烫（≥65℃）时效果最佳。烧制完毕，待冷凝器冷却后需将锅内余水排尽，以防存水繁殖细菌。在蒸馏前，往蒸馏塔内一次性加入 5%十二水硫酸铝钾（明矾）100mL，能有效降低重蒸馏水含氨量。

（2）离子交换法　离子交换法能除去原水中绝大部分盐、碱和游离酸，但不能完全除去有机物和非电介质，因此最好利用市售的普通蒸馏水或电渗水替代原水，进行离子交换处理而制备去离子水。此法可以获得十几 MΩ 的去离子水，但因有机物无法去掉，TOC 和化学需氧量（COD）往往比原水还高。这是因为树脂不好，或是树脂的预处理不彻底，树脂中所含的低聚物、单体、添加剂等没有除尽，或树脂不稳定，不断地释放出分解产物，这一切都将以 TOC 或 COD 指标的形式表现出来。另外，在生产 200kg 去离子水后，树脂一定要再生，否则，达不到纯水的纯度指标。

（3）电渗析法　将离子交换树脂做成膜，称为电渗析。电渗析过程中能除去水中电解质杂质，但对弱电解质去除效率低。电渗析是在外加直流电场作用下，利用阴阳离子交换膜分别选择性地允许阴阳离子透过，使一部分离子透过离子交换膜迁移到另一部分水中去，从而使一部分水纯化，另一部分水浓缩，再与离子交换法联用，可制得较好的化验用纯水。

（4）电去离子（EDI）技术　EDI 是电渗析与离子交换有机结合的膜分离技术。目前，在国外，美国 Millipore、Ionics、Electropure 和加拿大 E-Cell 等公司拥有成熟的 EDI 技术与设备。EDI 技术高效无污染，产品水可稳定在 16MΩ · cm，且能连续不断地合成纯水和高纯水，但是它对细菌的抗污染能力较低；其次，EDI 维修也较困难，运行压力较低，一般不能满足生产的压力要求；最后，EDI 的系统性或寿命还不是很高，有待于进一步提高其技术和工艺水平。

6. 特殊需求用水的制备

（1）无氯水　制备：加入亚硫酸钠等还原剂，将自来水中的余氯还原为氯离子，以 *N*,*N*-二乙基对苯二胺（DPD）检查不显色，继续用附有缓冲球的全玻璃蒸馏器进行蒸馏制取。

（2）无二氧化碳水　煮沸法制备：将蒸馏水或去离子水煮沸至少 10min，或使水量蒸发10%以上，加盖放冷即可制得无二氧化碳水。

曝气法制备：将惰性气体或纯氮通入蒸馏水或去离子水至饱和，即得无二氧化碳水。制得的无二氧化碳水应储存于一个附有碱石灰管的橡皮塞盖严的瓶中。

（3）无砷水　制备：一般蒸馏水或去离子水多能达到基本无砷要求。

应避免使用软质玻璃（钠钙玻璃）制成的蒸馏器，进行痕量砷的分析时，应使用石英蒸馏器和聚乙烯的离子交换树脂柱管和储水瓶。

（4）无铅（无重金属）水　制备：用氢型强酸性阳离子交换树脂柱处理原水，即可制得无铅水。储水器应预先进行无铅处理，用6mol/L硝酸溶液浸泡过夜后用无铅水洗净再使用。

（5）无酚水　制备：向水中加入氢氧化钠至pH大于11，使水中酚生成不挥发的酚钠后，用全玻璃蒸馏器蒸馏制得（蒸馏前可添加少量高锰酸钾溶液使水呈紫红色，再进行蒸馏）。

（6）不含有机物的蒸馏水　制备：添加少量高锰酸钾碱性溶液于水中，使水呈红紫色，再以全玻璃蒸馏器进行蒸馏制得（整个过程应使水呈红紫色，否则应随时补加高锰酸钾）。

7. 评价水质的常用指标

（1）电阻率　衡量实验室用水导电性能的指标，单位为MΩ·m，随着水内无机离子的减少电阻加大则数值逐渐变大，实验室超纯水的标准：电阻率为18.2MΩ·m。

（2）总有机碳　水中碳的浓度，反映水中氧化的有机化合物的含量，单位为mg/L。

（3）细菌内毒素　革兰氏阴性菌的脂多糖细胞壁碎片，又称为“热原”，单位为EU/mL。

8. 取样与储存

（1）容器　各级用水均使用密闭的、专用聚乙烯容器。三级水也可使用密闭的、专用玻璃容器。新容器在使用前需用盐酸溶液（20%）浸泡2~3d，再用待测水反复冲洗，并注满待测水浸泡6h以上。

（2）储存　各级用水在储存期间，其污染的主要来源是容器可溶成分的溶解、空气中二氧化碳和其他杂质。因此，一级水不可储存，使用前制备。二级水、三级水可适量制备，分别储存在预先经同级水清洗过的相应容器中。各级用水在运输过程中应避免沾污。

9. 实验室纯水的检测

每月进行1次纯水的质量检测，详细试验方法参照GB/T 6682—2008《分析实验室用水规格和试验方法》执行。

美国材料与试验协会（ASTM）规定了纯水的使用：一般说来一级水可供配制痕量金属溶液使用；二级水适用于除去有机物的场合；三级水可用于玻璃器皿的初步洗涤和冲洗；四级水可用于冲洗树脂的尾水或冲洗含有痕量杂质的溶液。

我国国家标准规定：一级水用于严格要求的分析试验，包括对悬浮颗粒有要求的试验，如高压液相色谱分析用水；二级水用于无机痕量分析试验，如原子吸收光谱分析；三级水用于一般化学分析试验。

10. 常用化学试剂的种类

化学试剂又叫化学药品，简称试剂，它是工农业生产、文教卫生、科学研究以及国防建设等多方面进行化验分析的重要药剂。化学试剂是指具有一定纯度标准的各种单质和化合物（也可以是混合物）。任何实验都离不了试剂，试剂不仅有各种状态，而且不同的试剂性能差异很大。有的常温非常稳定、有的十分活泼，有的受高温也不变质、有的却易燃易爆，有的香气浓烈，有的则有剧毒。只有对化学试剂的相关知识深入了解，才能安全、顺利地进行各项实验，既可保证达到预期实验目的，又可消除对环境污染。因此，首先要知道试剂分类情况，然后才能掌握各类试剂的存放和使用规则。

试剂分类的方法较多，如，按照状态可分为固体试剂、液体试剂；按用途可分为通用试剂、专用试剂；按类别可分为无机试剂、有机试剂；按性能可分为危险试剂、非危险试剂等。

从试剂的储存和使用角度常按类别和性能两种方法对试剂进行分类。

（1）无机试剂和有机试剂　这种分类方法与化学物质分类一致，既便于识别、记忆，又便于储存、取用。无机试剂按单质、氧化物、碱、酸、盐分出大类后，再考虑性质进行分类；有机试剂则按烃类、烃的衍生物、糖类、蛋白质、高分子化合物、指示剂等进行分类。

（2）危险试剂和非危险试剂　这种分类既注意到实用性，更考虑到试剂的特征性质。因此，既便于安全存放，也便于实验工作者在使用时遵守安全操作规则。

①危险试剂根据危险试剂的性质和储存要求又分为以下几种。

易燃试剂，这类试剂指在空气中能够自燃或遇其他物质容易引起燃烧的化学物质，由于存在状态或引起燃烧的原因不同常可分为：易自燃试剂，如黄磷等；遇水燃烧试剂，如钾、钠、碳化钙等；易燃液体试剂，如苯、汽油、乙醚等；易燃固体试剂，如硫、红磷、铝粉等。

易爆试剂指受外力作用发生剧烈化学反应而引起燃烧爆炸，同时放出大量有害气体的化学物质，如氯酸钾等。

毒害性试剂指对人或生物以及环境有强烈毒害性的化学物质，如溴、甲醇、汞、三氧化二砷等。

氧化性试剂指对其他物质能起氧化作用而自身被还原的物质，如过氧化钠、高锰酸钾、重铬酸铵、硝酸铵等。

腐蚀性试剂指具有强烈腐蚀性，对人体和其他物品能因腐蚀作用发生破坏现象，甚至引起燃烧、爆炸或伤亡的化学物质，如强酸、强碱、无水氯化铝、甲醛、苯酚、过氧化氢等。

②非危险试剂根据非危险试剂的性质与储存要求可分为以下几种。

遇光易变质的试剂指受紫外光线的影响，易引起试剂本身分解变质，或促使试剂与空气中的成分发生化学变化的物质，如硝酸、硝酸银、硫化铵、硫酸亚铁等。

遇热易变质的试剂，这类试剂多为生物制品及不稳定的物质，在高温可发生分解、发霉、发酵作用，有的常温也如此，如硝酸铵、碳酸氢铵、琼脂等。

易冻结试剂，这类试剂的熔点或凝固点都在气温变化以内，当气温高于其熔点，或下降到凝固点以下时，试剂由于熔化或凝固而发生体积的膨胀或收缩，易造成试剂瓶的炸裂，如冰乙酸、晶体硫酸钠、晶体碘酸钠以及溴的水溶液等。

易风化试剂，这类试剂本身含有一定比例的结晶水，通常为晶体。常温时在干燥的空气中（一般相对湿度在70%以下）可逐渐失去部分或全部结晶水，有的变成粉末，使用时不易掌握其含量，如结晶碳酸钠、结晶硫酸铝、结晶硫酸镁、五水硫酸铜、十二水硫酸铝钾等。

易潮解试剂，这类试剂易吸收空气中的潮气（水分）产生潮解、变质、外形改变、含量降低甚至发生霉变等，如氯化铁、无水乙酸钠、甲基橙、琼脂、还原铁粉、铝银粉等。

11. 常用化学试剂的分级

化学试剂按纯度（含杂质的多少）分为不同的级别，以适应不同的需要。为了在同种试剂的多种不同级别中迅速选用所需试剂，还规定不同级别的试剂用不同颜色的标签印制，化学试剂的级别共有高纯试剂、光谱纯试剂、基准试剂、分光纯试剂、一级纯试剂（优级纯）、二级纯试剂（分析试剂）、三级纯试剂（化学纯试剂）、四级纯试剂（实验试剂）和工业纯试剂9种。我国目前试剂的规格一般分为5个级别，级别序号越小，试剂纯度越高。

（1）高纯试剂（EP） 纯度远高于优级纯的试剂叫作高纯试剂（质量分数≥99.99%）。

（2）光谱纯试剂（SP） 表示光谱纯净，但由于有机物在光谱上显示不出，所以有时主要成分质量分数达不到99.9%以上，使用时必须注意，特别是作基准物质时，必须进行标定。

（3）基准试剂（PT） 专门作为基准物质用，可直接配制标准溶液。一般基准物质应该符合以下要求。

①试剂的组成与化学式完全相符，若含结晶水，如 $H_2C_2O_4 \cdot 2H_2O$，$Na_2B_4O_7 \cdot 10H_2O$ 等，其结晶水的含量均应符合化学式。

②试剂的纯度足够高（质量分数在99.9%以上）。

③性质稳定，不易与空气中的 O_2 及 CO_2 反应，亦不吸收空气中的水分。

④试剂参加滴定反应时，应按反应式定量进行，没有副反应。

常用的基准物质有纯金属和纯化合物。如Ag，Cu，Zn，Cd，Si，Ge，Al，Co，

Ni，Fe 和 NaCl，$K_2Cr_2O_7$，Na_2CO_3，邻苯二甲酸氢钾，硼砂，As_2O_3，$Na_2C_2O_4$，$CaCO_3$ 等。它们的质量分数一般在 99.9%以上，甚至可达 99.99%以上。有些超纯试剂和光谱纯试剂的纯度很高，但这只说明其中杂质的含量很低而已，并不代表其主要成分的质量分数在 99.9%以上，有时候因为其中含有不定组成的水分和气体杂质，以及试剂本身的组成不固定等原因，使主要成分的质量分数达不到 99.9%，这时就不能用作基准物质了。所以，不可随意认定基准物质。

（4）分光纯试剂（UV） 指使用分光光度分析时所用的溶液，有一定的波长透过率，用于定性分析和定量分析。

（5）一级纯试剂（GR） 又称优级纯或保证试剂，质量分数为 99.8%，这种试剂纯度最高，杂质含量最低，用于精密化学分析和科研工作，又叫保证试剂，符号为 G·R，标签为绿色。

（6）二级纯试剂（AR） 又称分析纯试剂，纯度很高，质量分数为 99.7%，略次于优级纯，适合于重要分析及一般研究工作。符号为 A·R，标签为红色。

（7）三级纯试剂（CP） 用于化学实验，又叫化学纯试剂，质量分数≥99.5%，纯度与分析纯相差较大，适用于工矿、学校一般分析工作。符号为 G·P，标签为蓝色。

（8）四级纯试剂（LR） 用于一般化学实验，又叫实验试剂。符号为 L·R，标签为黄色。

（9）工业纯试剂（TP） 工业产品，也可用于一般的化学实验。符号为 T·P。

但近年来，标签的颜色对应试剂级别已不是十分准确，所以主要应以标签印示的级别和符号选用。同一种试剂，纯度不同其规格不同，价格相差很大。所以必须根据实验要求，选择适当规格的试剂，做到既保证实验效果，又防止浪费。

国际纯粹与应用化学联合会（IUPAC）将化学标准物质分为 A~E 五级，其中 C 级和 D 级为滴定分析标准试剂［含量分别为（100±0.02）%和（100±0.05）%］，E 级为一般试剂。我国化学试剂一般分为四个等级，其试剂规格和应用范围如表 2 所示。

表 2　　我国试剂规格和适用范围

等级	中文名称	英文名称	英文缩写	适用范围	标签颜色
一级	优级纯（保证试剂）	guarantee reagent	GR	杂质含量很低，用于精密分析实验	绿色
二级	分析纯（分析试剂）	analytical reagent	AR	杂质含量低，用于一般科研实验	红色
三级	化学纯	chemical pure	CP	杂质含量较高，一般分析及制备	蓝色
四级	实验试剂	laboratory reagent	LR	杂质含量较高，用于一般化学制备	棕色或其他色
	生物试剂	biological reagent	BR 或 CR	生物化学分析及化学制备	黄色或其他色

目前，国外试剂厂生产的化学试剂的规格趋向于按用途划分，常见的如下：

①生化试剂（BC，Biochemical）；

②生物试剂（BR，Biological reagent）；

③生物染色剂（BS，Biological stain）；

④络合滴定用试剂（FCM，For complexometry）。

12. 常用化学试剂的安全取用方法

实验室中一般只储存固体试剂和液体试剂，气体物质都是需用时临时制备。在取用和使用任何化学试剂时，首先要做到“三不”，即不用手拿、不直接闻气味、不尝味道。此外，还应注意试剂瓶塞或瓶盖打开后要倒放桌上，取用试剂后立即还原塞紧。否则会污染试剂，使之变质而不能使用，甚至可能引起意外事故。

（1）常用固体试剂的取用　粉末状试剂或粒状试剂一般用药匙取用。药匙有动物角匙、塑料药匙，且有大小之分。用量较多且容器口径又大者，可选大号药匙；用量较少或容器口径又小者，可选用小号药匙，并尽量送入容器底部。特别是粉状试剂容易散落，或沾在容器口和壁上，可将其倒在折成的槽形纸条上，再将容器平置，使纸槽沿器壁伸入底部、竖起容器并轻抖纸槽，试剂便落入器底。

块状固体用镊子取用，送入容器时，务必先使容器倾斜，使之沿器壁慢慢滑入器底。若实验中无规定剂量时，所取试剂量以刚能盖满试管底部为宜。取多了的试剂不能放回原瓶，也不能丢弃，应放在指定容器中供他人或下次使用。取用试剂的镊子或药匙务必擦拭干净，更不能一匙多用。用后也应擦拭干净，不留残物。

（2）常用液体试剂的取用　用少量液体试剂时，常使用胶头滴管吸取。用量较多时则采用倾泻法。从细口瓶中将液体倾入容器时，把试剂瓶上贴有标签的一面握在手心，另一手将容器斜持，并使瓶口与容器口接触，逐渐倾斜试剂瓶，倒出试剂。试剂应该沿着器壁流入容器，或使用洁净的玻璃棒将液体试剂引流入细口或平底容器内。取出所需量后，逐渐竖起试剂瓶，把瓶口剩余的液滴碰入容器中，以免液滴沿着试剂瓶外壁流下。

若实验中无规定剂量时，一般取用1~2mL。定量使用时，则可根据要求选用量筒、滴定管或移液管。取多的试剂不能倒回原瓶，更不能随意废弃，应倒入指定容器内供他人使用。若取用有毒试剂时，必须在教师指导下进行或严格遵照规则取用。

（3）部分特殊试剂的存放和使用

①易燃固体试剂

黄磷，又名白磷，应存放于盛水的棕色广口瓶里，水应保持将磷全部浸没，再将试剂瓶埋在盛硅石的金属罐或塑料筒里。取用时，因其易氧化、燃点低、有剧毒、能灼伤皮肤，故应在水面下用镊子夹住，小刀切取。掉落的碎块要全部收口，防止抛撒。

红磷，又名赤磷，应存放在棕色广口瓶中，务必保持干燥。取用时要用药匙，勿近火源，避免和灼热物体接触。

金属钠、钾应存放于无水煤油、液体石蜡或甲苯的广口瓶中，瓶口用塞子塞紧。若用软木塞，还需涂石蜡密封。取用时切勿与水或溶液接触，否则易引起火灾。取用方法与白磷相似。

②易挥发出腐蚀气体的试剂

液溴密度较大，极易挥发，蒸气极毒，皮肤溅上溴液后会造成灼伤，故应将液溴储存在密封的棕色磨口细口瓶内。为防止其扩散，一般要在溴的液面上加水起封闭作用，且再将液溴的试剂瓶盖紧放于塑料筒中，置于阴凉不易碰翻处。取用时，要用胶头滴管伸入水面下液溴中，迅速吸取少量后，密封放还原处。

浓氨水极易挥发，要用塑料塞和螺旋盖的棕色细口瓶，储放于阴凉处。使用时，开启浓氨水的瓶盖要十分小心，因瓶内气体压强较大，有可能冲出瓶口使氨液外溅。所以要用塑料薄膜等遮住瓶口，瓶口不要对着任何人，再开启瓶塞。特别是气温较高的夏天，可先用冷水降温后再启用。

浓盐酸极易放出氯化氢气体，具有强烈刺激性气味，所以应盛放于磨口细口瓶中，置于阴凉处，要远离浓氨水储放。取用或配制这类试剂时，若量较大，接触时间又较长，还应戴上防毒口罩。

③易燃液体试剂，如乙醇、乙醚、二硫化碳、苯、丙醇等沸点很低，极易挥发又易着火，故应盛于既有塑料塞又有螺旋盖的棕色细口瓶里，置于阴凉处。取用时勿近火种。其中常在二硫化碳的瓶中注入少重水，起“水封”作用。因为二硫化碳沸点极低，为46.3℃，密度比水大，为1.26g/cm^3，且不溶于水，水封保存能防止其挥发。常在乙醚的试剂瓶中加少量铜丝，可防止乙醚因变质而生成易爆的过氧化物。

④易升华的物质有多种，如碘、干冰、萘、蒽、苯甲酸等。其中碘片升华后，其蒸气有腐蚀性，且有毒。所以这类固体物质均应存放于棕色广口瓶中，密封放置于阴凉处。

⑤剧毒试剂常见的有氰化物、砷化物、汞化合物、铅化合物、可溶性钡的化合物以及汞、黄磷等。这类试剂要求与酸类物质隔离，置于干燥、阴凉处，专柜加锁。取用时应在指导下进行。

⑥易变质的试剂固体烧碱试剂，如氢氧化钠，极易潮解并可吸收空气中的二氧化碳而变质不能使用，所以应当保存在广口瓶或塑料瓶中，塞子用蜡涂封。特别要注意避免使用玻璃塞子，以防黏结。氢氧化钾与此相同。

与水蒸气或二氧化碳反应的试剂，如碱石灰、生石灰、碳化钙（电石）、五氧化二磷、过氧化钠等，上述试剂都易与水蒸气或二氧化碳发生作用而变质，它们均应密封储存。特别是取用后，注意将瓶塞塞紧，放置于干燥处。

还原性试剂，如硫酸亚铁、亚硫酸钠、亚硝酸钠等，上述试剂具有较强的还原性，易被空气中的氧气等氧化而变质。要密封保存，并尽可能减少与空气的接触。

光照变质释放有毒物质试剂，如过氧化氢、硝酸银、碘化钾、浓硝酸、亚铁盐、三氯甲烷（氯仿）、苯酚、苯胺等试剂光照后会变质，有的还会放出有毒物质。它们均应按状态保存在不同的棕色试剂瓶中，且避免光线直射。

二、危险化学品的使用和储存方法

1. 危险化学品的储存

危险化学品应单独储藏于专用的试剂（药品）储存室内。储存室应该阴凉、避光，防止由于阳光照射及室温偏高造成试剂变质、挥发、失效。室温一般以5～30℃、相对湿度以45%～75%为宜。

危险化学品储存室应设在安全位置，远离检验室、办公室。室内严禁明火，消防灭火设施器材完备，以防事故发生造成伤害和损失。盛放危险化学品的储存柜需用防尘、耐腐蚀、避光的材质制成，取用方便。化学性质或防护、灭火方法相互抵触的危险化学品，不得在同一柜或同一储存室内存放。

危险化学品的储存管理由专人负责。该检验员应具备一定的专业知识，由经过专业培训且考核合格的专业技术人员担任，保证化学试剂按规定储存。

检验室操作区内的橱柜中及操作台上，只允许存放规定数量的化学试剂，不允许超量存放。多余的化学试剂须储存在规定的储存室中。检验中使用的化学试剂种类繁多，须严格按其性质和储存要求分类存放、按序排列、码放整齐、造册登记。

对于易潮解吸湿、易失水风化、易挥发、易吸收二氧化碳、易氧化、易吸水变质的化学试剂，应密塞或蜡封保存。见光易变色、分解、氧化的化学试剂应避光保存。爆炸品、剧毒品、易燃品、腐蚀品等应单独存放。

各种试剂均应包装完好，封口严密，标签完整，内容清晰，储存条件明确。

危险化学品保管员必须每周检查一次温湿度，并记录。超出规定范围应及时调整，试剂发生颜色改变、浑浊等变化时，须做报废处理。

已配制的试剂溶液一般在检验室操作区内保存，由使用人员负责保管，一般以储存1年为宜，过期不得使用，须重新配制。配制试剂要封口严密，瓶口或盖损坏要及时更换。

2. 危险化学品的发放

试剂管理员负责试剂的发放工作，填写发放记录，内容包括：品名、规格、领用量、领用者、领用日期。

发放人检查包装完好、无误，方可发放，无标签的试剂不得发放。

3. 危险化学品的配制

检验室应按国家、行业现行的检验标准制订各种试剂、试液及储备液配制的标准操作规程。各种试剂、试液及其储备液的配制应严格按照标准操作规程进行。

应根据试剂的使用量配制试剂，原则上配制量以 3~6 个月用完为宜。不稳定的试液、危险品、毒品应随用随配；用后按规定要妥善处理。

配好后的试剂放在具塞、洁净的适宜容器中（通常为细口瓶）。遇光易分解的试剂要用棕色瓶储存，挥发性试剂瓶塞要严密，遇空气易变质的试剂应用封口膜封口，碱性溶液要用橡皮塞塞口。

试剂、试液及其储备液的配制过程中应填写配制记录，并制作瓶签，瓶签内容包括：试剂（试液）名称、浓度、配制日期、配制人签名、有效期限。

配制记录包括：试剂（试液）名称、浓度、配制总量、配制日期、所用试剂规格等级、浓度、pH、生产厂家、批号、配制方法、加入顺序以及其他必要的处理，配制者、复核者签名。

配制结束后，使用的容器、工具应按各自的清洁规程进行清洗、干燥，必要时消毒。试剂用后应归还原处，标签向外，依次码放整齐，以防止造成差错或对其他使用者造成不便。

4. 危险化学品的使用

化学试剂使用时应检查确认所领试剂、试药名称，规格与配制规程的要求相一致，瓶签，密封完好、试剂外观符合要求，并在规定的使用期限内。

固体化学试剂在储存中易吸潮而增加重量，称重前应先干燥至恒重。称重所用操作器具必须洁净，应选用 A 级容量瓶，A 级移液管进行配制和稀释。

危险化学品使用时应注意：不了解试剂性质者不用；无瓶签或瓶签字迹不清者不用；超过使用期限的试剂不用，变质试剂不用；使用时，用多少取多少，用剩的试剂不准再倒回原试剂瓶中；取用试剂时应注意保护标签，避免试剂洒在标签上污染或腐蚀标签。

药品的取用、配制和保存贯穿于整个实验过程，学生在实验中，时刻要按照操作规范进行，时刻树立食品检验安全意识，避免在实验过程中，出现安全事故，既是对自己人身安全的负责，也是对公共资源的负责。

三、易制毒试剂的使用和储存方法

对于易制毒试剂必须由专人负责，双人双锁，双人领用，根据实验用量发放。

为满足使用易制毒试剂的需求，需取得易制毒试剂购买及使用资格，并在公安部门登记备案入网。

各实验室每年初需制订一份年度使用计划，此计划中应表现出所需试剂种类、用量及用途。经负责人确定后交专管汇总，相关领导确认同意签字后，才可通过公安部门的易制毒试剂专用渠道购买。

易制毒试剂的验收需要送货人、专管员及采购人员同时在场进行验收，验收内容包括：有无损坏、包装完整、标识明确、试剂品种和数量等，并且在确认无误后在易制毒试剂验收入库表上依次签名。

易制毒试剂必须单独存放在有防火、防盗、防晒等安全防护措施的试剂柜，并且由专管员保管，严格执行双人双锁制度。专管员必须熟知此类试剂性质和安全知识，并做好个人安全防护工作。

易制毒试剂出库需要各实验室填写用途，试剂出库时要求领用人和两位专管员同时在场确认其领用种类和数量，确认无误后依次在易制毒试剂出库表上签字。

易制毒试剂出库后要求专管员护送试剂到相应的实验室，确保试剂的安全。

每日下班时，如此类试剂还有剩余即视为无法使用完，要求领用人将其归还至试剂库，专管员登记试剂归还台账，确认并签字，使用部门不得私自存放易制毒试剂在本实验室。实验室再次领用已送回的易制毒试剂应重新办理领用手续。

易制毒试剂使用后的包装箱、纸、袋、瓶、桶等必须严加管理，并统一回收处理。

专管员需定期核查易制毒试剂的剩余库存量和使用量，如发现库存不多时应及时补够，发现有数量不对时应及时查明原因，被盗时应第一时间报警。

四、个人防护用具、安全防护设施及灭火设备使用方法

（一）个人防护用具使用方法

1. 眼睛及脸部防护用具

（1）防护眼罩或防护眼镜　眼睛及脸部是实验室中最易被事故伤害的部位，因而对它们的保护尤为重要。实验人员在取用刺激性、腐蚀性试剂时应戴安全防护眼镜。

（2）洗眼器　当化学溶剂溅入眼睛后，应立即使用洗眼器彻底冲洗。冲洗时，应将眼皮撑开，小心地用自来水冲洗数分钟，再用蒸馏水冲，然后去医务室进行治疗。洗眼器一般可以选用壁挂式洗眼器或便携式洗眼器。

2. 身体防护

实验人员进入实验室必须穿实验服，其目的是为了防止皮肤和衣着受到化学药品的污染。

3. 手部防护

在实验室中为了防止手受到伤害，可根据需要选戴不同类型防护手套。当接触腐蚀性物质，边缘尖锐的物体（如碎玻璃、木材、金属碎片），过热或过冷的物质时均须戴手套。

实验室常用手套的材质有聚乙烯、丁腈橡胶、聚氯乙烯（PVC）、乳胶等，不同材质的手套具有不同的防护性能。实验人员在实验结束后，要使用中性的清洁剂反复清洗双手，使用后的手套统一集中处理，不能与其他垃圾混放。

正确、及时佩戴实验安全防护用具，可有效保护实验者，避免其受到实验损害，这也是实验安全的一部分，也是学生自我保护意识的树立。

（二）安全防护设施使用方法

1. 通风橱

通风橱，又称烟橱或通风柜，是实验室，特别是化学实验室的一种大型设备。其用途是减少实验者和有害气体的接触。完全隔绝则需要使用手套箱。通风橱是保护实验人员避免有毒化学烟气危害的一级屏障。它可以作为重要的安全后援设备，在化学实验过程中，化学烟雾、尘埃和有毒气体产生时有效排出有害气体，保护工作人员和实验室环境。

使用方法：使用的时候实验人员站或坐于柜前，将玻璃门尽量放低，手通过门下伸进柜内进行实验。由于排风扇通过开启的门向内抽气，在正常情况下有害气体不会大量逸出。

通风原理：无管通风的通风柜不需要外连管道，不污染外部环境，而且对实验室温度影响小。但缺点是必须定期更换过滤材料，实验者接触有害气体的可能比使用抽气通风柜大，而且因为多装的排风扇离实验者很近会造成噪声。这类通风柜有如下过滤程序：用泡沫塑料前过滤除尘，用活性炭过滤，吸附掉很多化学物质，但氨和一氧化碳需要其他的特殊过滤装置才能除掉。前过滤的材料平均能使用 6 个月，活性炭层平均 2 年，但具体寿命要由使用情况而定。

全通风的通风柜将柜内空气抽到别处，经适当处理后排散到大气中。这类通风柜比无管通风能更有效地除去实验室有害气体，噪声小，而且维护简单。缺点是要安装专用的排风管道，在室内外温度不同的情况下可能妨碍实验室维持恒温，而且对环境卫生不利，但是可以设计补风系统。

2. 实验紧急喷淋装置

当有害化学药品（遇水后不发生对人体进一步伤害反应的化学药品）喷到身上或眼睛中时，用水紧急喷淋及冲洗。

紧急喷淋的使用方法：直接站到紧急喷淋装置的下方，将水阀打开，冲洗至少 15min。喷淋时将被污染的衣物脱去，以免皮肤受到刺激，保证身体所有受污染的部位彻底冲洗干净。冲洗完毕后，不得再穿受污染的衣物，尽快擦干身体，注意保暖，必要时送医院检查处理。

（三）灭火设备使用方法

GB/T 4968—2008《火灾分类》规定的六类火灾如下。

A 类火灾：固体物质火灾。这种物质通常具有有机物性质，一般在燃烧时能产生灼热的余烬。如木材、煤、棉、毛、麻、纸张等引发的火灾。

B 类火灾：液体或可熔化的固体物质火灾。如煤油、柴油、原油、甲醇、乙醇、沥青、石蜡等引发的火灾。

C 类火灾：气体火灾。如煤气、天然气、甲烷、乙烷、丙烷、氢气等引发的火灾。

D 类火灾：金属火灾。如钾、钠、镁、铝镁合金等引发的火灾。

E 类火灾：带电火灾。物体带电燃烧引发的火灾。

F 类火灾：烹饪器具内的烹饪物（如动植物油脂）引发的火灾。

常见三类灭火器如下。

干粉灭火器：可以扑灭 A 类火、B 类火、C 类火及 E 类火。

水基灭火器（水系灭火器）：可以扑灭 A 类火、B 类火、C 类火及 E 类火。

二氧化碳灭火器：可以扑灭 B 类火、C 类火及 E 类火。

1. 灭火器的使用方法

（1）干粉灭火器　手提灭火器把，在距离起火点 3～5m 处，将灭火器放下，在室外使用时注意站在上风方向；使用前先将灭火器上下颠倒几次，使筒内干粉松动；拔下保险销，一只手握住喷嘴，使其对准火焰根部，另一只手用力按下压把，干粉便会从喷嘴喷射出来；左右喷射，不能上下喷射，灭火过程中应保持灭火器直立状态，不能横卧或颠倒使用；灭火后防止复燃。

（2）水基灭火器（水系灭火器）　将灭火器提至火灾现场，拔出保险销，紧握喷射软管，压下压把，泡沫立即喷出，对准火焰根部横扫，A 类扫射灭火，B 类覆盖灭火，迅速将火焰扑灭；放开手把，可停止喷射，从而实现间隙喷射；灭火时应果断、迅速。灭油火时，不要直接冲击油面，以免油液激溅引起火焰蔓延。使用时应垂直操作，切勿横卧或倒置。

（3）二氧化碳灭火器　先拔出保险销；再压下压把（或旋动阀门），将喷口对准火焰根部灭火。

二氧化碳灭火器注意事项：使用时要戴手套，以免皮肤接触喷筒和喷射软管，防止冻伤。使用二氧化碳灭火器扑救电器火灾时，如果电压超过 600V，应先断电后灭火。

2. 消防栓的使用方法

打开消防栓门，按下内部火警按钮（按钮是报警和启动消防泵的）；一人接好枪头和水带奔向起火点；另一人接好水带和阀门口；打开消防栓阀门，对准火焰根部喷水。注：电气线路起火时，要确定切断电源。

五、水、电、气安全使用方法

1. 实验室安全用水、用电制度

我国水资源和能源短缺状况越来越严重已经是不争的事实。因此，广泛宣传节能降耗有非常重要的意义，同时安全的用电用水关系到每个人的切身利益。

白天工作、学习期间，当办公室、实验室、教室光线充足时，尽量使用自然光源；光线不足时，根据实际需要开启电灯。养成随手关灯的习惯，下班后，人走灯灭，坚决杜绝“长明灯”；公共区域如走廊、楼梯等，在保证照明的前提下，关闭部分照明设施。

禁止“长流水”“长明灯”“长调风”的现象，一经发现要严肃处理。夏季使用风扇做到人走风扇停，使用空调做到人走空调关。

对于私拉乱接电源，私自安装电器、使用各类电炊具，包括任何充电器，除没收电器外，给予严肃处理；造成线路、管道破坏或发生事故的，当事人应承担全部责任。

办公用计算机电源设置在节能状态，长时间不使用应及时关机；教学仪器设备不用时或人离开时应随手关机；下班后关闭所有办公室、实验室的电源（冰箱等特殊仪器除外）。

自觉养成节约用水的习惯，用完自来水应随手关紧水龙头。

各实验室所辖范围的水电设施如有损坏或出现故障时，使用部门应及时与有关部门联系维修。

2. 实验室中用电的具体问题

不要超负荷用电，空调等大容量用电设备应使用专用线路。

要选用合格的电器，不要贪便宜购买使用假冒伪劣电器、电线线槽（管）、开关、插头、插座等。电灯线不要过长，灯头离地面应不小于2m。灯头应固定在一个地方，不要拉来拉去，以免损坏电线或灯头造成触电事故。对于金属外壳的电气设备，应按规定进行接地，安装、修理及接地线要由电工进行。熔丝（保险丝）要符合规格，要根据用电设备的容量（瓦数）来选择。安装熔丝时先要拉闸，后断电源，然后再装上合乎要求的熔丝，如果熔丝经常熔断，应由电工查明原因，排除故障。

无论是集体或个人，不要私自请无资质的装修队及人员。铺设电线、接装用电设备和电灯等用电器具时，应由有资质的单位和人员进行安装，在使用中，电气设备出现故障时，要由电工进行修理。

对规定使用接地的用电器具的金属外壳要做好接地保护，不要忘记给三眼插座安装接地线，不要随意把三眼插头改为二眼插头。发现落地的电线，离开10m以外，更不要用手去拾。同时，要设法看护落地电线，并请电工来处理，以防他人走近而发生触电。

移动电气设备时，一定要先拉闸停电，后移动设备，绝不要带电移动。把电动机等带金属外壳的电气设备移到新的地点后，要先安装好接地线，并对设备进行检查，确认设备无问题后，才能开始使用。安装电气设备时，应符合安装要求，不能使用有裂纹或破损的开关、灯头和破皮的电线。接头要牢靠，并用绝缘胶布包好，发现有破损现象时，要及时找电工修理。

湿毛巾等物品要与电线开关插座保持安全距离，不用湿手、湿布接触带电的灯头、开关和插座等。在开关、熔丝盒和电线附近，不要放置油类、棉花、木屑等易燃物品，以防发生电气火灾。如果发现有烧焦橡皮、塑料的气味，应立即拉闸停电，查明原因妥善处理后，才能合闸。万一发生火灾，要迅速拉闸救火。如果不能停电，应用盖土盖砂的办法救火。一定不要泼水救火，以防触电。湿手不能触摸带电的家用电器，不能用湿布擦拭使用中的家用电器，进行家用电器修理，必须先停电源。要选用与电线负荷相适应的熔丝，不要任意加粗熔丝，严禁用铜丝等代替熔丝。要定期对漏电保护开关进行灵敏性试验。当发现电线断落，无论带电与否，都应先视其带电，应与电线断落点保持足够的安全距离，并及时向有关部门汇报。

3. 实验室中用气的具体问题

检验室内用于检验仪器使用的高压气体钢瓶，必须分类保管，远离明火、热源，距离不小于10m；避免暴晒及强烈震动，必须与易燃、易爆及腐蚀性物料相隔离。

为了保护开关阀，搬运钢瓶时，要旋紧钢瓶上的安全帽，套上橡胶圈，应使用专用小车，严禁滚、撞、扔、摔。避免偶然转动，要旋紧钢帽，移放钢瓶时，不能用手拉着开关阀。

钢瓶使用时，通常应直立放置于钢瓶柜内并用皮带或钢索固定，严防摔倒；水平放置时，应有防止滚动的措施与防止污染的措施。

钢瓶使用的减压器要专用，禁止相互调换；减压器在安装之前要清除开关接口处的污垢，安装时旋扣要上紧；使用时先打开钢瓶阀，观察减压阀高压端压力表指针动作，得到适当的压力后，再缓缓开启减压阀，调节至低压端压力表指针指向所需要的压力为止，用肥皂水检查连接管路是否漏气并且进行妥善处理。

钢瓶要放在实验楼外，或单设的小屋（气瓶间）内，小屋阴凉、通风，由专人加锁进行保管，钢瓶要直立固定放置，开启钢瓶时，开启者必须站在钢瓶的侧面，开启一定要缓慢，钢瓶内的气体通过管路输送到楼内的实验室中，气体使用完毕后，应先关闭钢瓶阀，放尽减压器进出口的气体后，再松开减压器的螺杆。

钢瓶内的气体不得用尽，以防其他气体倒灌。钢瓶的剩余残压不得少于2.5×10^5Pa。

钢瓶必须专瓶专用，禁止擅自改装其他气体，钢瓶的漆色要完整、清晰（表3）。

钢瓶为压力容器，必须按照相关规定，定期由压力容器检定机构进行检定。

氧气钢瓶：高压氧气（2.9×10^6Pa以上）接触到工业矿物油脂就会自燃，因此，严禁氧气钢瓶、氧气管路和操作者工作服上带有油污。严禁将氧气钢瓶放在阳光下暴晒，严禁将氧气钢瓶接近热源。

乙炔气钢瓶：乙炔气钢瓶内填充有颗粒状活性炭、木炭、石棉或硅藻土等多孔性物质，再掺入丙酮，使充入的乙炔能够溶解于丙酮中，15℃时压力可达 1.5×10^6Pa；所以乙炔气钢瓶严禁卧放，气体的使用也不可以过快，以防带出丙酮。

使用乙炔气的实验室要保持通风，室内温度在 35℃以下。新充装的乙炔气钢瓶，静置 24h 后方可使用；当钢瓶内的压力降至 $2.9\times10^5\sim4.9\times10^5$Pa 时应停止使用。如遇乙炔气钢瓶发热，说明乙炔已经自发分解，应立即关闭阀门，用水冷却，使用过程中如果发现钢瓶严重腐蚀或损伤，应该提前检定。一旦发生乙炔气钢瓶的气体着火，严禁使用水和泡沫灭火器，要使用干粉、二氧化碳或干砂子灭火。乙炔气钢瓶的减压阀要有防止回火的装置，如在导管中加装细铜丝网或管路中加液封起保护作用，乙炔气钢瓶禁止放置在有辐射的场合，以防乙炔聚合。

钢瓶每 3 年检定 1 次，严禁使用超期或未经检定的气体钢瓶；严禁使用锈蚀严重或漏气的钢瓶。

表 3　　高压气体钢瓶的颜色与标志

气体钢瓶名称	外表面涂料颜色	字样	字样颜色	横条颜色	气体钢瓶名称	外表面涂层颜色	字样	字样颜色	横条颜色
氧气钢瓶	天蓝	氧	黑	—	氯气钢瓶	草绿（保护色）	氯	白	白
氢气钢瓶	深绿	氢	红	红	氦气钢瓶	棕	氦	白	—
氮气钢瓶	黑	氮	黄	棕	氖气钢瓶	褐色	氖	白	黑
氩气钢瓶	灰	氩	绿	—	丁烯气钢瓶	红	丁烯	黄	—
压缩空气钢瓶	黑	压缩空气	白	—	氧化氩氮气钢瓶	灰	氧化亚氮	黑	—
石油气钢瓶	灰	石油气体	红	—	环丙烷气钢瓶	橙黄	环丙烷	黑	—
硫化氢气钢瓶	白	硫化氢	红	红	乙烯气钢瓶	紫	乙烯	红	—
二氧化硫气钢瓶	黑	二氧化硫	白	黄	乙炔气钢瓶	白	乙炔	红	—
二氧化碳气钢瓶	黑	二氧化碳	黄	—	氟氯烷气钢瓶	铝白	氟氯烷	黑	—
光气钢瓶	草绿（保护色）	光气	红	红	其他可燃性气钢瓶	红	（气体名称）	白	—
氨气钢瓶	黄	氨	黑	黑	其他非可燃性气钢瓶	黑	（气体名称）	黄	—

六、废弃物安全处理方法

（一）实验室废弃物收集的一般办法

（1）分类收集法　按废弃物的类别、性质和状态不同，分门别类收集。

（2）按量收集法　根据实验过程中排出废弃物的量的多少或浓度高低予以收集。

（3）相似归类收集法　性质或处理方式、方法等相似的废弃物应收集在一起。

（4）单独收集法　危险废弃物应予以单独收集处理。

（二）实验室处理废液的一般原则

（1）在证明废弃物已相当稀少而又安全时，可以排放到大气或排水沟中；尽量浓缩废液，使其体积变小，放在安全处隔离储存；利用蒸馏、过滤、吸附等方法，将危险物分离，而只弃去安全部分；无论液体或固体，凡能安全燃烧的则燃烧，但数量不宜太大，燃烧时切勿残留有害气体或烧余物，如不能焚烧时，要选择安全场所填埋，不能裸露在地面上。

（2）一般有毒气体可通过通风橱或通风管道，经空气稀释后排除，大量的有毒气体必须通过与氧气充分燃烧或吸附处理后才能排放。

（3）废液应根据其化学特性选择合适的容器和存放地点，通过密闭容器存放，不可混合储存，标明废液种类、储存时间，定期处理。

（三）实验室三废处理方法

1. 废气的处理

当少量有毒气体产生时，可通过排风设备排出室外，被空气稀释；当有毒气体量较大时，必须经过吸收处理，然后才能排出。

所有产生酸性废气的实验必须备有吸收或处理装置，如 NO_2、SO_2、Cl_2、H_2S、HF、CO_2 等可用导管通入碱液中使其大部分吸收后排出；在反应、加热、蒸馏中，不能冷凝的气体，排出通风橱之前，要进行吸收或其他处理，以免污染空气。常用的吸收剂及处理方法如下。

氢氧化钠稀溶液：处理卤素、酸性气体（如 HCl、SO_2、H_2S、HCN 等）、甲醛、酰氯等。

稀酸（H_2SO_4 或 HCl）：处理氨气、胺类等。

浓硫酸：吸收有机物。

活性炭、分子筛等吸附剂：吸收气体、有机物气体。

水：吸收水溶性气体，如 HCl、氨气等，为避免回吸，处理时用防止回吸的仪器。

氢气、一氧化碳、甲烷：如果排出量大，应装上单向阀门，点火燃烧。但要注意，反应体系空气排净以后，再点火。最好事先用氮气将空气赶走再反应。

较重的不溶于水挥发物：导入水底，使下沉，吸收瓶吸入后再处理。

2. 废液的处理

(1) 实验室废液处理方法

①无机酸类：将废酸慢慢倒入过量的含碳酸钠或氢氧化钙的水溶液中或用废碱互相中和，中和后用大量水冲洗。

②氢氧化钠、氨水：用 6mol/L 盐酸水溶液中和，用大量水冲洗。

③含氰废液：加入氢氧化钠使 pH 在 10 以上，加入过量的高锰酸钾（3%）溶液，使 CN^- 氧化分解。如含量高，可加入过量的次氯酸钙和氢氧化钠溶液。

④普通简单的废液：如石油醚、乙酸乙酯、二氯甲烷等可直接倒入废液桶中，废液桶尽量不要密封，不能装太满（3/4 即可）。

⑤有特殊刺激性气味的液体：倒入另一个废液桶内，立即封盖，统一处理。

(2) 废液处理注意事项　实验室废液不同于工业废水，实验室废液的成分及数量稳定度低，种类繁多且浓度高。所以，实验室废液处理的危险性也相对增高。为了避免这种情形，在处理实验室废液时应把握下列原则。

少量废液进行处理，以防止大量反应；处理剂倒入时应缓慢，以防止激烈反应；充分搅拌，以防止局部反应。必要时于水溶性废液中加水稀释，以缓和反应速率以及降低温度上升的速率，如处理设备含有移动装置则更佳。

①充分了解处理的方法：实验室废液的处理方法因其特性而异，任一废液如未能充分了解其处理方法，切勿尝试处理，否则极易发生意外。

②注意皮肤吸收致毒的废液：大部分的实验室废液触及皮肤仅有轻微的不适，少部分腐蚀性废液会伤害皮肤，有一部分废液则会经由皮肤吸收而致毒，所以搬运或处理废液时需要特别注意，不可接触皮肤。

③注意毒性气体的产生：实验室废液处理时，如操作不当会有毒性气体产生，如氰类与酸混合会产生剧毒的氰酸；漂白水与酸混合会产生剧毒的氯气或偏次氯酸；硫化物与酸混合会产生剧毒的硫化物。

④注意爆炸性物质的产生：实验室废液处理时，应完全按照已知的处理方法进行处理，不可任意混合其他废液，否则容易产生爆炸的危险。一些较易产生爆炸危害的混合物如叠氮化钠与铅或铜的混合；胺类与漂白水的混合；硝酸银与酒精的混合；次氯酸钙与酒精的混合；丙酮在碱性溶液下与氯仿的混合；硝酸与乙酸酐的混合；氧化银、氨水、酒精与酸性废液的混合；其他一些极容易产生过氧化物的废液（如：异丙醚），也应特别注意，因过氧化物极易因热、摩擦、冲击而引起爆炸，此类废液处理前应将其产生的过氧化物先行消除。

3. 固体废弃物的处理

粘附有害物质的滤纸、包药纸、棉纸、活性炭及塑料容器等物品，不要丢入垃圾箱内，要分类收集。

废弃不用的药品可交还仓库保存或用合适的方法处理掉。

废弃玻璃物品单独放入纸箱内；废弃注射器针头统一放入专用容器内，注射管放入垃圾箱内。

干燥剂和硅胶可用垃圾袋装好后放入带盖的垃圾桶内；其他废弃的固体药品包装好后集中放入纸箱内，再放到液体废液集中放置点由专业回收公司处理（剧毒、易爆危险品要先预处理）。

（四）几种有害物质的处理方法

（1）酚　高浓度的酚可用乙酸丁酯萃取、重蒸馏回收。低浓度的含酚废液可加入次氯酸钠或漂白粉使酚氧化为二氧化碳和水。

（2）氰化物　氰化物的稀释溶液可加入氢氧化钠调节 pH 至 10 以上，再加入几克高锰酸钾（高锰酸钾的加入量约为溶液的 3%）使 CN^- 氧化分解。

（3）汞　若将汞散失在实验室里（如打碎压力计、温度计等）必须立即用滴管、毛笔或在硝酸汞酸性溶液中浸过的蔡铜片收集起来用水覆盖，散落过汞的地面应撒上硫黄粉或喷上 20%三氯化碳的水溶液，干后再清扫干净。如果室内的汞蒸气浓度超过 0.01mg/m^3，可用碘净化，将碘加热或自然蒸发，碘蒸气与空气中的汞即吸附在墙上、地面上及器物上的汞作用生成不易挥发的碘化汞，然后彻底清扫干净。含汞盐废液可先调节 pH 到 8~10，加入过量硫化钠，使其生成硫化汞沉淀，再加入硫酸亚铁作为共沉淀剂，与过量的 S^{2-} 生成硫化亚铁沉淀，硫化亚铁将水中悬浮的硫化汞微粒吸附而共沉淀。清液可排放，残渣可用焙烧法回收汞，或再制成汞盐（通常密封存放即可）。

（4）铬　铬酸洗液如失效变绿，可浓缩冷却后加高锰酸钾粉末氧化，用砂芯漏斗滤出二氧化锰沉淀后再用。失效的废洗液可用废铁屑还原残留的 Cr^{6+} 到 Cr^{3+}，再用废碱液或石灰中和，使其生成低毒的 $Cr(OH)_3$ 沉淀。

（5）砷　在含砷废液中加入氧化钙调节并控制 pH 为 8，生成砷酸钙和亚砷酸钙沉淀。Fe^{3+}存在可起共沉淀作用。也可将含砷废液 pH 调至 10 以上，加入硫化钠与砷反应生成难溶低毒的硫化物沉淀。

（6）铅、镉　用氢氧化钙将废液 pH 调到 8~10，使废液中的 Pb^{2+}、Cd^{2+} 生成 $Pd(OH)_2$ 和 $Cd(OH)_2$ 沉淀，加入硫酸亚铁作为共沉淀剂。

（7）综合废水处理　实验室的综合废液可用铁粉法处理，调节废水的 pH 为 3~4，加入铁粉，搅拌半小时，用碱把 pH 调至 9 左右，继续搅拌 10min，加入高分子混凝剂，进行混凝后沉淀，清液可排放，沉淀物以废液处理。

（8）部分试剂的回收　分析实验用过的有机溶剂有些可以回收再用。回收后的试剂应经过空白或标准试验，效果良好才能使用。处理有机溶剂均在分液漏斗中进行，下文中指出洗一次或几次均指振摇并分层。蒸馏操作细节请按有机化学实验方法要求进行，特别要注意安全。

（9）乙醚　将使用过的废乙醚置于分液漏斗中，用水洗一次。中和（石蕊试纸检查），用 0.5%高锰酸钾洗至紫色不褪，再用水洗，用 0.5%~1%硫酸亚铁铵溶液洗涤，以除去过氧化物。水洗后用氧化钙干燥，过滤，进行分馏。收集 33.5~34.5℃馏分使用。

（10）乙酸乙酯　乙酸乙酯废液先用水洗几次，然后用硫代硫酸钠稀溶液洗几次，使之褪色，再用水洗几次后蒸馏。用无水碳酸钾脱水，放置几天，过滤后蒸馏，收集 76~77℃的馏分。

（11）三氯甲烷　将废三氯甲烷依次用水、浓硫酸（用量为三氯甲烷的 1/10）、纯水、盐酸羟胺（0.5%，分析纯）洗涤。用重蒸馏水洗后，按上法干燥并蒸馏两次。对于蒸馏法仍不能除去的有机杂质可用活性炭吸附纯化。

（12）含双硫腙的四氯化碳　先用硫酸洗一次，再用水洗两次。用无水氯化钙干燥，过滤后蒸馏，收集 76~78℃馏分。

（13）含铜试剂的四氯化碳　用纯水洗两次后，用无水氯化钙干燥，过滤后蒸馏，收集 76~78℃馏分。

实验室废弃物未经处理进入环境，可能对人体健康和环境造成严重危害或潜在危险，如废弃物可破坏臭氧层、导致温室效应；大量化学废物进入土壤，可导致土壤酸化、土壤碱化和土壤板结；进入水中，污染水源等。所以掌握正确的实验室废弃物处理方法和手段，时刻保持保护环境的警惕之心，才能营造良好的实验氛围。

七、安全事故处理方法

1. 事故类型

为及时、高效、妥善地处置发生在实验室的事故，最大限度保护检验工作人员的生命和财产安全，防止实验室重大安全事故发生，完善应急管理机制，迅速有效地控制和处置可能发生的事故，需要了解实验室存在的安全隐患，易发生的事故类型。

（1）灼伤　在做化学实验时没有根据实验要求配备防护设备，皮肤被割伤或被药品烧伤、被高温设备或火烫伤，眼睛受刺激性气体熏染，化学药品等异物进入眼内，在紫外光下长时间用裸眼观察物体等。

（2）中毒　包括呼吸器官吸入有刺激腐蚀性药品；有害药品与皮肤接触，经毛孔渗入，再由血液运输到各种器官。

（3）爆炸　违反操作规程，随便混合化学药品；设备老化，存在故障或缺陷，造成空气压缩机内机油泄漏，遇火花而引起事故；使用易燃易爆气体不在通风橱或在其附近点火，引起爆炸；一些本身容易爆炸的化合物，受热或被敲击时会爆炸。

（4）火灾　忘记关电源，致使设备或用电器具通电时间过长，温度过高引起着火；操作不慎或使用不当，使火源接触易燃物质，引起着火；供电线路老化、超负荷运行，导致线路发热，引起着火；乱扔烟头，接触易燃物质，引起着火。

2. 实验室火灾应急处理预案

（1）发现火情，现场工作人员立即采取处理措施，防止火势蔓延并迅速报告。

（2）确定火灾发生的位置，判断出火灾发生的原因，如压缩气体、液化气体、易燃液体、易燃物品、自燃物品等。

（3）明确火灾周围环境，判断是否有重大危险源分布及是否会带来次生灾难。

（4）明确救灾的基本方法，并采取相应措施，按照应急处置程序采用适当的消防器材进行扑救。易燃可燃液体和油脂类等化学药品火灾，使用大剂量泡沫灭火剂、干粉灭火剂将火灾扑灭。带电电气设备火灾，应切断电源后再灭火，因现场情况及其他原因，不能断电，需要带电灭火时，应使用沙子或干粉灭火器，不能使用泡沫灭火器或水。可燃金属，如镁、钠、钾及其合金等火灾，应用特殊的灭火剂，如干砂或干粉灭火剂等来灭火。

（5）依据可能发生的危险化学品事故类别、危害程度级别，划定危险区，对事故现场周边区域进行隔离和疏导。

（6）视火情拨打“119”报警求救，并到明显位置引导消防车。

（7）实验室发生火灾时，实验室负责人或安全员在其认为安全的情况下必须及时切断电源和管道阀。

（8）所有人员应听从临时召集人的安排，有组织地通过安全出口或用其他方法迅速撤离现场。

（9）应急预案领导小组负责安排抢救工作和人员安置工作。

3. 实验室中毒应急处理预案

实验中若感觉咽喉灼痛、嘴唇脱色或发绀，胃部痉挛或恶心呕吐等症状时，则可能是中毒所致。将中毒者转移到安全地带，解开领扣，让中毒者呼吸到新鲜空气，初步急救后立即送医院治疗，不得延误。

4. 实验室触电应急处理预案

触电急救的原则是在现场采取积极措施保护伤员生命。

触电急救，首先要使触电者迅速脱离电源，越快越好，触电者未脱离电源前，救护人员不准用手直接触及伤员。使伤者脱离电源方法：①切断电源开关；②若电源开关较远，可用干燥的木橇、竹竿等挑开触电者身上的电线或带电设备；③可用几层干燥的衣服将手包住，或者站在干燥的木板上，拉触电者的衣服，使其脱离电源。

触电者脱离电源后，应视其神志是否清醒，神志清醒者，应使其就地躺平，严密观察，暂时不要站立或走动；如神志不清，应就地仰面躺平，且确保气道通畅，并以 5s 时间间隔呼叫伤员或轻拍其肩膀，以判定伤员是否意识丧失。禁止摇动伤员头部呼叫伤员。

抢救的伤员应立即就地坚持用人工心肺复苏正确抢救，并设法联系校医院接替救治。

5. 实验室化学灼伤应急处理预案

（1）眼睛一旦溅入任何化学药品，立即用大量水缓缓彻底冲洗。实验室应备有专用洗眼水龙头。洗眼时要保持眼皮张开，可由他人帮助翻开眼睑，持续冲洗 15min。忌用稀酸中和溅入眼的碱性物质，反之亦然。对因溅入碱金属、溴、磷、浓酸、浓碱或其他刺激性物质的眼睛灼伤者，急救后必须迅速送往医院检查治疗。

（2）皮肤灼伤

①酸灼伤。皮肤被灼烧后，应先用大量水冲洗 20min 以上，再用冰冷的饱和硫酸镁溶液或 70%酒精浸洗 30min 以上；或用大量水冲洗后，用肥皂水或 2%～5% $NaHCO_3$ 溶液冲洗，用 5% $NaHCO_3$ 溶液湿敷。局部外用氢化可的松软膏或紫草油软膏及硫酸镁糊剂。

②碱灼伤。先用大量水冲洗，再用 1%硼酸或 2%乙酸溶液浸洗，最后用水洗。

（3）一旦被火焰、蒸汽、红热的玻璃、铁器等烫伤时，立即将伤处用大量水冲淋或浸泡，以迅速降温防止温度烧伤。假设起水泡不宜挑破，用纱布包扎后送医院治疗。对轻微烫伤，可在伤处涂些鱼肝油、烫伤油膏或万花油后包扎。

任务实施

一、实验前注意事项

（1）检查水、电、仪器是否安全。

（2）检查急救设备是否正常。

（3）检查手套、口罩、眼罩是否正常。

二、实验中注意事项

（1）正确穿实验服、戴帽子、戴口罩、戴手套和戴护目眼罩。

（2）浓硫酸的正确取用。

（3）药品的摆放和正确取用。

三、实验后注意事项

（1）废液的处理。

(2) 仪器使用后的清洗、放置。

(3) 检查水、电、仪器的安全。

课后巩固

(1) 实验室废气的处理中，(　　) 是错误的。

A. 氢氧化钠溶液可以处理卤素、酸性气体和氨气

B. 稀酸可以处理氨气、胺类

C. 浓硫酸可以处理吸收有机物

D. 水可以吸收氯化氢、氨气等

(2) 金属汞的处理方法错误的是 (　　)。

A. 滴落的汞可用滴管、毛笔等收集起来

B. 汞散落的地面收集起来即可，不需要做其他处理

C. 如果室内的汞蒸气浓度超过0.01mg/m^3，可用碘净化

D. 含汞盐废液可先调节 pH 至 8~10，加入过量硫化钠，使其生成硫化汞沉淀，再加入硫酸亚铁作为共沉淀剂，硫化亚铁将水中悬浮的硫化汞微粒吸附而共沉淀

(3) 实验室安全用电制度，鼓励 (　　)。

A. 随手关灯

B. 私自安装电器

C. 随手开灯

D. 长明灯

(4) 实验室中气体的使用正确的是 (　　)。

A. 搬运钢瓶时，无需旋紧钢瓶上的安全帽

B. 钢瓶上的减压器可以互相调换

C. 钢瓶必须专瓶专用，禁止擅自改装其他气体，钢瓶的漆色要完整、清晰

D. 钢瓶内的气体用尽后，再进行装气

(5) 关于化学试剂储存错误的是 (　　)。

A. 化学试剂储存室应设在安全位置，远离检验室、办公室

B. 化学试剂的储存管理由专人负责

C. 化学性质或防护、灭火方法相互抵触的化学危险品，可在同一柜或同一储存室内存放

D. 化学试剂种类繁多，须严格按其性质和储存要求分类存放、按序排列，分别码放整齐、造册登记

(6) 氢氧化钠标准溶液不慎溅入眼里，如何处理?

(7) 在实验过程中，由于使用电炉不当，电炉着火，作为实验员，你该怎么办?

思政小课堂

以此为鉴，加强实验室安全管理

实验室是从事实验教学、科学研究、社会服务的重要场所，保证实验室安全、保证重要的基础设施及实验设备的安全，保护实验人员健康，才能保证教学、科研等工作的顺利进行。所以在教学过程中，时刻提醒学生注意实验安全，树立实验安全意识，为以后的实验室工作打下基础。

2018 年 12 月 26 日 15 时，经核实，北京交通大学市政与环境工程系学生在学校东校区 2 号楼环境工程实验室，进行垃圾渗滤液污水处理科研实验期间，实验现场发生爆炸，事故造成 3 名参与实验的学生死亡。经查，该起事故直接原因为：在使用搅拌机对镁粉和磷酸搅拌、反应过程中，料斗内产生的氢气被搅拌机转轴处金属摩擦、碰撞产生的火花点燃爆炸，继而引发镁粉粉尘云爆炸，爆炸引起周边镁粉和其他可燃物燃烧，造成现场 3 名学生烧死。事故调查组同时认定，北京交通大学有关人员违规开展试验、冒险作业；违规购买、违法储存危险化学品；对实验室和科研项目安全管理不到位。

1 月 3 日，国务院安全生产委员会办公室召开高等学校实验室安全管理工作视频会议，深入贯彻落实党中央、国务院领导同志指示批示要求，深刻吸取北京交通大学“12·26”较大事故教训，进一步推动高校实验室安全管理责任落实。会议指出，近年来，高校实验室安全事故时有发生，造成人员伤亡，冲击人民群众和广大师生的安全感，暴露出我国高校实验室管理存在着安全责任不落实、管理制度不健全、危险物品安全管理不到位、实验人员违规操作、相关部门安全监管存在薄弱环节等问题。

（来源：《北京日报》《新京报》）

项目一

食品理化检验基本操作

任务一 样品的采集

任务导入

你所在第三方检测公司接受某地市场监督管理局的委托，对当地某水果店的一批苹果进行监督抽检（检测项目包括农药残留检测和重金属检测），现在公司委派你完成采样工作，你作为采样人员该怎么做呢？

学习目标

❖ 知识目标

1. 掌握不同食品采样方法。
2. 掌握采样器具的使用方法。

❖ 能力目标

1. 能正确地进行采样。
2. 会正确录入样品信息。

❖ 素质目标

1. 食品种类繁杂，包装各异，采样方法应根据具体的食品样品确定，学生需具备认真细致的学习态度，熟悉不同食品样品采样方法。

2. 通过不同采样图片案例增强学生对职业的认知，感受职业文化，增强职业认同。

相关知识

一、采样的基本概念

什么是样品的采取呢？所谓采样就是从整批产品中抽取一定量具有代表性样品的过程。

食品分析检验的目的在于检验试样感官性质上有无变化，食品的一般成分有无缺陷，加入的添加剂等外来物质是否符合国家的标准，食品的成分有无掺假现象，食品在生产运输和储藏过程中有无重金属、有害物质和各种微生物的污染以及有无变化和腐败现象。由于我们分析检验时采样具有一定比例，其检验结果要代表整箱或整批食品的结果，所以样品的采集是我们分析检验的重要环节，也是第一步。采取的样品必须代表全部被检测的物质，否则以后样品处理及检测计算结果无论如何严格准确也没有任何价值。

1. 采样的基本原则

采样是农产品食品分析的关键内容。正确采样，必须遵守以下两个原则。

（1）采集的样品要均匀、有代表性，能反映全部被测食品的组成、质量和卫生状况。对此，样品的数量应符合检验项目的需要。

（2）采样过程中要设法保持原有的理化指标，防止成分逸散或带入杂质。对此，理化检验取样一般使用干净的不锈钢工具，包装常用聚乙烯、聚氯乙烯等材料，并经过硝酸-盐酸（1+3）溶液浸泡，以去离子水洗净，晾干备用；样品如为罐、袋、瓶装者，应取完整的未开封的原包装，如为冷冻食品，应保持在冷冻状态。

同类食品或原料，由于品种产地、成熟期、加工或保藏条件不同，其成分和含量会有相当大的差异。甚至同一分析对象、不同部位的成分也会有一定的差异。因此若从大量、成分不均匀的被检物质中采集到能代表全部的分析样品，必须有恰当、科学的方法。

2. 正确的采样程序

（1）了解食品的详细情况　了解该批食品的原料来源、加工方法、运输和储存条件及销售中各环节的状况；审查所有证件，包括运货单、质量检验证明书等资料。

（2）现场检查　观察整批食品的外部情况，即有包装的要注意包装的完整性，无包装的要进行感官检验，发现包装不良或有污染时需打开包装进行检查。

（3）采样　采样过程分为检样、集中和均样三个步骤。从分析物料的各个部分采取的少量样品称为检样；将这些检样集中在一起称为原始样品；原始样品经适当处理，再取其中部分供检验用的过程称为均样。在检样过程中要注意质量相差较大的样品不能放在一起作原始样品。

二、采样的方法及样品信息

1. 采样的类型

采样的类型包括：纯随机采样、类型采样、等距采样、整群采样、定比例采样等。

（1）纯随机采样　用抽签的方法，在取得总体的个体数及分布图前先给每个个体编号，然后使用随机号码表，查出抽取个体号；如果没有随机号码表，可将总体个体号码写在卡上，再从卡片中随机抽出所需个体。

（2）类型采样　也称分层抽（扦）样，将总体中的个体按其属性特征分为若干类型或层，然后在各类型或层中随机抽取样品。

（3）等距采样　将总体中的个体按存放位置顺序编号，然后以等距离和间隔抽取样品。

（4）整群采样　从总体中成群成组地抽取样品，本法抽取样品只能集中在若干群和组中，而不能平均分布于总体中，固本法准确性差。

（5）定比例采样　按产品批量订出抽样百分比，比如抽取0.1%、0.2%、0.5%等。

非概率采样法采集的样本不按均等概率出现在样本总体中，例如只取方便面样品个体的方法称为便利采样。研究人员凭其经验和专业知识，主观地抽取他认为有代表性样本的方法称为判断采样。先根据研究人员认为较重要的控制变项把样本总体分类，然后在各类中按定额数量抽选样本的方法称为配额采样。这些非概率采样法缺乏代表性，也无法计算采样误差，因此一般不能在食品质量与安全检测中采用。

个别情况下使用的一个例子，如检验者已有一定根据怀疑某一农产品的某个局部的个体是引起某一食物中毒事故的毒源所在，为检验它是否果真有毒，就可只对这一局部的个体采样。

2. 采样的方法

对于不同类型的食品或农产品，具体的采样方法常常已建立，其中都包含了概率采样方法的原理并考虑了不同样品的特点和把采样误差限制在允许的范围内。

（1）液体样品的采集　散装批量样品的采集，在批量产品的每一大储存容器中，于不同深度、不同部位，分别采集每份0.1~0.2L的5份独立检样，将它们充分混合成0.5~1L的混合样品，就是该储存容器的原始样品。如果检验项目规定的检验批量等于几个储存容器内的物量，可将同批量不同储存容器采得的样品再混合，从中取1~2L作为一检验批的原始样品。如果检验项目规定的检验批量小于或等于一储存容器内的物量，就以各储存容器采得的样品作为每个检验批的原始样品。如哪一储存容器中采出的样品感官测定异常时，应直接判定不合格或单独标记留样。

包装样品的采集，对于铁桶、塑料桶、瓷缸、木桶等大包装液体样品，如果未规定检验批量，可从一货批中随机均匀抽取数个（数量一般为一货批总包装件数的5%左右）包装。如果检验方案已定（即货批、检验水平、样本量都已定），应按一检验批规定的抽取件数随机均匀抽取一定包装。然后用采样器在每一抽取的包装内上、中、下部分别吸取0.1~0.2L样品，如果感官测定无异常，将各包装抽取的样品分别充分混合，从中再取够制备平均样品的混合样品作为原始样品。如哪一包装采得的样品感官测定异常，应直接判定不合格并单独留样。

对于内部包装为盒、瓶、罐等，外部包装为纸箱、塑料箱等液体样品，通常抽样方案都规定了检验批和相应的采样量，应遵照规定随机均匀抽取相应的箱数，再按规定从每箱中随机抽出相应的小包装件数，将各箱抽取的小包装分别合并，即为一检验批的原始样品。如果没有规定检验批，一般可随机均匀抽取$\sqrt{\frac{x}{2}}$箱（x为该货批的总箱数），然后从抽出的每箱中随机抽出1个小包装，分别合并为样本的原始样品。

小包装食品样品在进行检验前，尽可能取原包装，不要开封，以防污染。

（2）固体样品的采集　散装批量样品的采集，对于装在若干个储存容器内的散装批量颗粒或粉末产品，如果检验方案规定的检验样本量等于几个储存容器中的物品，则在随机抽取的每一储存容器的不同深度、不同部位，可用双套回转采样管插入容器中，回转180°取出样品，分别采取每份0.1~0.2kg的5~10份样品，然后将各储存容器抽出样品分别充分混合成0.5~2.0kg的样品，作为样本各单元的原始样品。用四分法将原始样品做成平均样品。

四分法（图1-1）具体程序是：将原始样品混合均匀后放在清洁的玻璃板上，压平成厚度在3cm以下的圆台形料堆，在料堆上画对角线，将其分成四份，取对角的两份混合，再如上分为四份，取对角的两份。如此操作直至取得所需数量为止。如哪一储存容器中采出的样品感官测定异常时，应直接判定不合格或单独留样。如果检验项目规定的检验批量小于或等于一储存容器内的物量，就将在实际储存货物的容器中随机采得的样品混合，作为该检验批的原始样品。

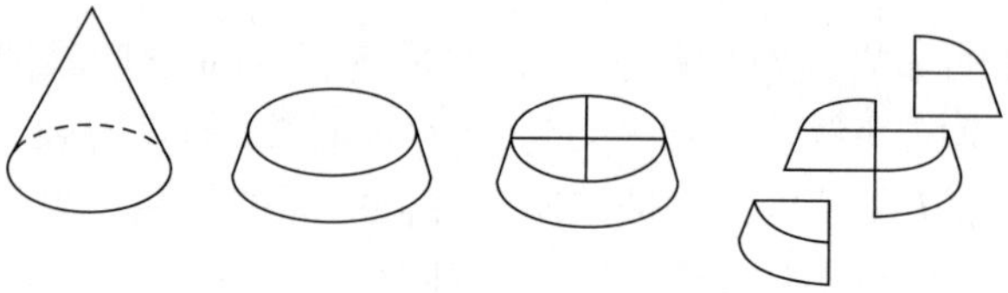

图1-1　四分法

包装样品的采集，对于内部包装为盒、袋、包等，外部包装为纸箱、塑料箱等固体样品，抽样方案通常都规定了检验批量和相应的抽样量，应遵照规定随机均匀抽取相应的箱数，再按规定从每箱中随机抽出相应的小包装件数，分别合并为一检验批的原始样品。如果没有规定检验批，一般可随机均匀抽取 x 箱（x 为该货批的总箱数），然后从抽取的每箱中随机抽出 1 个小包装，分别合并为一检验批的原始样品。在总货批量相对较小时，常将总货批作为一个检验批，采集的包装数量一般为该货批总包装数的 5%，最少为 5 个，最多为 15 个。如果总包装数少于 5 个，则打开每一箱外包装，从每箱中随机抽取一定的小包装（视小包装的大小而定），最少取一包。最后将各箱抽出的小包装样品分别合并作为样本中各单元的原始样品。

小包装食品样品在进行检验前，尽可能不要开封，以防污染。

（3）流水生产线上的采样　流水作业线上的货批通常指一个工作班生产的产品。要检验该货批的质量是否达标，在制订好抽样量后，取样位点一般都设在作业线上的一定位置（如罐头生产线的封盖前点，又如码头散装货输送线上的抓斗前），每隔一定时间，从该位置取出流经此位置的一件或一定量的样品作为检样，然后将一定时间范围（例如一个工作时等）内的检样合并，就形成样本中一个检样的原始样品。

（4）不均匀固体样本的采样　肉类、水产品类、果蔬类食品，由于其各部位极不均匀，个体大小及成熟程度差异大，采样可以按下述方法进行。

①肉类可从不同部位采样，经混合后代表该只动物情况；或从一只或多只动物的同一部位采样，混合后代表某一部位的情况。

②水产品类若个体较小可随机取多个样品，捣碎混匀后分取缩减到所需量；个体较大的可从多个个体上切割少量可食部分混匀后分取缩减到所需量。

③果蔬类个体较小的随机取若干整体粉碎混匀后缩分到所需数量；个体较大的可按个体大小的组成比例及成熟度，选取若干个体，对每个个体按生长轴纵剖成 4 份或 8 份，取对角线两份捣碎混匀后缩分到所需量。

（5）小包装样品的采样　一般按照生产批号或者班次随机连同包装一起采样。同一批号采样件数，250g 以上的包装不得少于 6 个，250g 以下的包装不得少于 10 个；同一班次采样，采样数为 1/3000，尾数超过 1000 的增取 1 罐，但是每天每个品种采样数不得少于 3 罐。

3. 采样注意事项

（1）一切采样工具、容器、塑料袋、包装纸等都应清洁、干燥、无异味、无污染。若要分析微量元素，样品的容器更应讲究，例如分析铬、锌含量时不应用镀铬、镀锌工具采样，有些采样工具有计量刻度，应注意其校准。各类专用采样工具的使用方法一定要遵照使用说明书正确使用。

（2）采样后，对每件样品都要做好记录。采样时，所采样品应及时贴上标签，标签上应注明：货主、品名、检验批编号或货批编号、样品编号、采样日期、地点、堆位、生产日期、班次、采样负责人等。

（3）如果发现货品有污染的迹象或属于感官异常样品，应将污染或异常的货品单独采样，装入另外的容器内，贴上特别的标签，详细记录污染货品的堆位及大约数量，以便分别化验。性质不相同的样品切不可混在一起，应分别包装，并分别注明性质。

（4）生鲜、易腐的样品在采集后4h内迅速送到实验室进行分析或处理，应尽量避免样品在分析前发生变化。

（5）盛装样品的容器应当是隔绝空气、防潮的玻璃容器或其他适宜和结实的容器，以免样品中水分和易挥发性成分发生变化。

4. 样品信息

（1）现场采样记录　采样前，采样负责人必须了解受检食品的原料来源、加工方法、运输保藏条件、生产和销售中各环节的卫生状况。如为外地进入的食品，应审查该批食品的有关证件，包括商标、送货单、质量检验证书、卫生检疫证书、监督机构的检验报告等。随后对受检食品的品名、数量、包装类型及规格、样品状态、现场环境等进行了解，并对该批食品总体进行初步感官检查。然后按实际样品的适宜采样方法和采样规则，正式开始采样。整个过程要及时做好现场记录，内容包括：

①物主（被采样单位或法人）；

②品名、数量、商标、包装类型及规格、样品状态；

③物品产地、生产厂家、生产日期、生产批号；

④送货单、质检合格单、卫检合格单等证件编号；

⑤采样地点、现场环境条件；

⑥初步的总体感官检查结果（如包装有无破损、变形和污染，散装品外观有无霉变、生虫、污染等异常现象）；

⑦采样目的、采样方式和方法；

⑧各检验批或货批的编号、原始样品编号、特殊或异常样品编号及其观察现象；

⑨采样单位（盖章）、采样负责人（签字）、采样日期；

⑩物主负责人（签字）。

（2）样品的封签和编号　每件样品采好后，立即由采样人封签，并在包装外贴好标签，明确标明样品编号、品名、来源、数量、采样地点、采样人和采样日期，采样全部完毕并整理好现场后，将同一检验批或货批的每件样品统一装在牢固的包装内，由采样人再次封签，并贴好标签，注明品名、来源、采样地点、检验批编号、采样人和采样日期。异常和特殊样品应独立封签和独立贴标（标签特征最好与其他的不同）。

（3）采样单　采样单一式两份，一份交被采样单位或法人，一份由采样单位保存。采样单内容包括：

①物主名称；

②品名、数量、编号；

③物品产地、生产厂家、生产日期、生产批号；

④检验批数量和每一检验批采得样品数量；

⑤采样单位（盖章）、采样人（签字）、采样日期；

⑥物主负责人（签字）。

采样数量应满足检验项目对样品量的需求。一般采样总量不少于1~2kg，样品应一式三份分别供检测、复检、备查用。具体采样的方法，应视分析对象的性质而定。

三、采样器具的分类及使用方法

采样过程中常用的采样器具有玻璃采样器具、不锈钢采样器具和聚乙烯（PE）采样器具等。

1. 采样器具的使用方法

（1）固体原辅料样品用不锈钢采样棒采样。

（2）固体中间体，成品微生物检验品用不锈钢采样棒采样。

（3）液体原料、液体中间体、液体成品用玻璃采样管或采样瓶采样，采样器的长度以能取到桶底或罐底样品为宜。

（4）固体原辅料、中间体，成品用PE袋。

（5）易吸潮、挥发的固体或液体原辅料中间体用PE采样瓶或玻璃采样瓶（100mL或250mL）取样。

（6）固体原辅料、中间体，成品的待检验品留样包装袋规格均为18cm×25cm的PE袋，材质与市售成品包装一致，取样结束后模拟市售成品包装用线绳扎口。

（7）微生物取样用一次性PE保鲜袋。

2. 采样器具的清洁

清洗采样器皿、器具时，先用饮用水冲洗数次，再用适宜的毛刷蘸洗涤液（肥皂水或洗衣粉水溶液等）反复刷洗，再用饮用水冲洗至无泡沫，最后用纯化水冲洗三遍。

清洗后的器具应不挂水珠。

洗涤后的采样器具放在约120℃电烘箱中烘干。

用于微生物检查采样的采样器具，先执行上述3条程序，然后灭菌，干燥后的器具包好存放在专用柜或盒中，无菌采样器按无菌要求储存于专用柜中保存，使用时间不超过3d。

采样器具超过规定存放时间应重新洗涤、干燥或灭菌。

微生物样品取样前，应将医用口罩、取样袋等在传递窗灭菌后，备用。

四、检验方法的一般要求

样品的分析检验方法很多，同一检验项目可以采用不同的方法进行测定，选择检验方法时，应根据样品的性质特点，被测组分的含量多少，以及干扰组分的情况，采取最适宜的分析方法，既要简便又要准确快速。食品检验主要分析的对象是样品中已明确的待检成分。具体可参照以下步骤。

（1）称取　指用天平进行称量操作，其精度要求用数值的有效数位表示，如“称取 20.0g……”指称量的精度为±0.1g；“称取 20.00g……”指称量的精度为±0.01g。

（2）准确称取　指用精密天平进行的称量操作，其精度为±0.0001g。

（3）恒量　指在规定的条件下，连续两次干燥或灼烧后称定的质量差异不超过规定的范围。

（4）量取　指用量筒或量杯量取液体物质的操作，其精度要求用数值的有效数位表示。

（5）吸取　指用移液管、刻度吸管量取液体物质的操作，其精度要求用数值的有效数位表示。

任务实施

一、材料准备

实验材料如表 1-1 所示。

表 1-1　实验材料

序号	材料	要求
1	苹果	若干
2	自封袋	若干
3	封条	若干
4	抽样单	一张

二、仪器和设备准备

实验仪器和设备如表 1-2 所示。

表 1-2　　　　实验仪器和设备

仪器	要求
天平	百分之一

三、分析操作

（1）制订采样计划，根据检测项目制订抽样数量和备样数量，抽样数量为1.5kg，备样数量为0.6kg。

（2）对商家出具采样告知书，并拍照，留存。

（3）进行采样，并装入自封袋，标记，并填写抽样单（表1-3）。

（4）付款，商家签字。

表 1-3　　　　国家食品安全抽样检验抽样单

抽样单编号：＿＿＿＿＿＿　　　　No＿＿＿＿＿＿

<table>
<tr><td colspan="2">任务来源</td><td colspan="2"></td><td>任务类别</td><td colspan="3">□监督抽检　□风险检测　□评价性抽检</td></tr>
<tr><td rowspan="5">被抽样单位信息</td><td>单位名称</td><td colspan="6"></td></tr>
<tr><td>单位地址</td><td colspan="6"></td></tr>
<tr><td>区域类型</td><td colspan="6">□景点　□城市　□乡镇　□学校周边　□其他（＿＿＿＿＿）</td></tr>
<tr><td colspan="2">□经营许可证
□生产许可证</td><td>法人代表</td><td></td><td>联系人</td><td colspan="2"></td></tr>
<tr><td colspan="2">营业执照号/社会信用代码</td><td colspan="2"></td><td>联系电话</td><td colspan="2"></td></tr>
<tr><td>抽样地点</td><td colspan="7">生产环节：□原辅料库　□生产线　□半成品库　成品库（□待检区　□已检区）□其他（＿＿＿＿＿）
流通环节：□农贸市场　□菜市场　□批发市场　□商场　□超市　□小食杂店　□其他（＿＿＿＿＿）
餐饮环节：□餐馆（□特大型餐馆　□大型餐馆　□中型餐馆　□小型餐馆）
□食堂（□机关食堂　□学校/托幼食堂　企事业单位食堂　□建筑工地食堂）
□小吃店　□快餐店　□饮品店　□集体用餐配送单位　□中央厨房　□其他（＿＿＿＿＿）</td></tr>
</table>

续表

<table>
<tr><td rowspan="10">样品信息</td><td>样品名称</td><td></td><td>商标</td><td></td><td>条形码</td><td></td></tr>
<tr><td>样品类型</td><td colspan="5">□食用农产品 □工业加工食品 □餐饮加工食品 □食品添加剂
□食品相关产品 □其他（__________）</td></tr>
<tr><td>样品来源</td><td>□加工/自制 □委托生产
□外购 □其他（______）</td><td>样品属性</td><td colspan="3">□普通食品 □特殊食品
□节食食品
□重大活动保障食品 □其他
（__________）</td></tr>
<tr><td colspan="6">□生产日期 □购进日期
□加工日期 □检疫日期</td></tr>
<tr><td>执行标准/技术文件</td><td></td><td>样品批号</td><td></td><td>规格型号</td><td></td></tr>
<tr><td>质量等级</td><td></td><td>保质期</td><td></td><td>单价</td><td></td></tr>
<tr><td>抽样基数</td><td></td><td>抽样数量</td><td></td><td>备样数量</td><td></td></tr>
<tr><td>抽样方式</td><td>□无菌抽样
□非无菌抽样</td><td>是否进口</td><td>□是 □否</td><td>原产地</td><td></td></tr>
<tr><td>包装分类</td><td colspan="5">□预包装 □非定量包装 □无包装</td></tr>
<tr><td>储存条件</td><td colspan="5">□常温 □冷藏 □冷冻 □避光 □密闭 □阴凉 □通风 □干燥
□其他（__________）</td></tr>
<tr><td rowspan="3">（标称）生产者信息</td><td>生产者名称</td><td colspan="5"></td></tr>
<tr><td>生产者地址</td><td colspan="5"></td></tr>
<tr><td>生产许可证号</td><td colspan="2"></td><td>联系电话</td><td colspan="2"></td></tr>
<tr><td rowspan="3">（标称）第三方企业信息</td><td>企业名称</td><td colspan="5"></td></tr>
<tr><td>企业地址</td><td colspan="5"></td></tr>
<tr><td>企业性质</td><td>□委托 □代理 □经销
□进口 □其他（______）</td><td>企业许可证号</td><td></td><td>联系电话</td><td></td></tr>
<tr><td rowspan="2">抽样单位信息</td><td>单位名称</td><td colspan="3"></td><td>地址</td><td></td></tr>
<tr><td>联系人</td><td></td><td>电话</td><td></td><td>传真</td><td></td></tr>
<tr><td>备注</td><td colspan="6"></td></tr>
<tr><td colspan="3">被抽样单位对抽样程序、过程、封样状态及上述内容无异议
被抽样单位签名（盖章）：

年　月　日</td><td colspan="4">抽样人（签名）：
抽样单位（盖章）：
市场监管人员（签名）：

年　月　日</td></tr>
</table>

注：本文书一式五联，第一联交组织抽样检验的市场监管部门，第二联交承检机构，第三联交（标称）生产者或境内代理商，第四联抽样单位留存，第五联交被抽样单位。

任务评价

样品采集评价标准见表 1-4。

表 1-4　　样品采集评价表

评价内容	评价标准	分值	评价记录
采样数量	根据检测项目计算采样数量	20	
采样过程	给商家出具通知书，拍照，利用固体散装样品采样方法采样	30	
样品的封签和编号	封装原始样品，编号明确	30	
填写抽样单	填写抽样单信息完整，字迹清晰	20	
合计			

课后巩固

(1) 计数抽样检验抽样方案（　　）《计数抽样检验程序　第 1 部分：按接收质量限（AQL）检索的逐批检验抽样计划》里提供了计数抽样检验的抽样方案。

A. GB/T 2828. 1—2017　　B. GB/T 2676. 1—2017
C. GB/T 2828. 1—2012　　D. GB/T 2676. 1—2012

(2) 采样过程分为（　　）三个步骤。

A. 检样、集中、采样　　B. 检样、采样、均样
C. 采样、集中、均样　　D. 检样、集中、均样

(3) 四分法具体程序是：将原始样品混合均匀后放在清洁的玻璃板上，压平成厚度适宜的圆台形料堆，在料堆上画对角线，将其分成四份，取（　　）混合，如此操作直至取得所需数量为止。

A. 任意一份　　B. 相邻两份
C. 对角两份　　D. 任意三份

(4) 样品的分析检测方法很多，同一检测项目可以采用不同的方法进行测定，选择检测方法时，应根据样品的性质特点，被测组分的含量多少，干扰组分的情况，采取最适宜的分析方法，既要简便又要准确快速。(　　)

(5) 采样的类型包括：自由采样、类型采样、等距采样、整群采样、定比例采样等。(　　)

(6) 采样时的注意事项有哪些？

(7) 采样是农产品食品分析的关键内容，正确采样必须遵守的原则有哪些？

(8) 实地抽样时，如果商家不配合，该怎么处理？

思政小课堂

采样现场

直观感受采样现场，树立职业认知和认同。

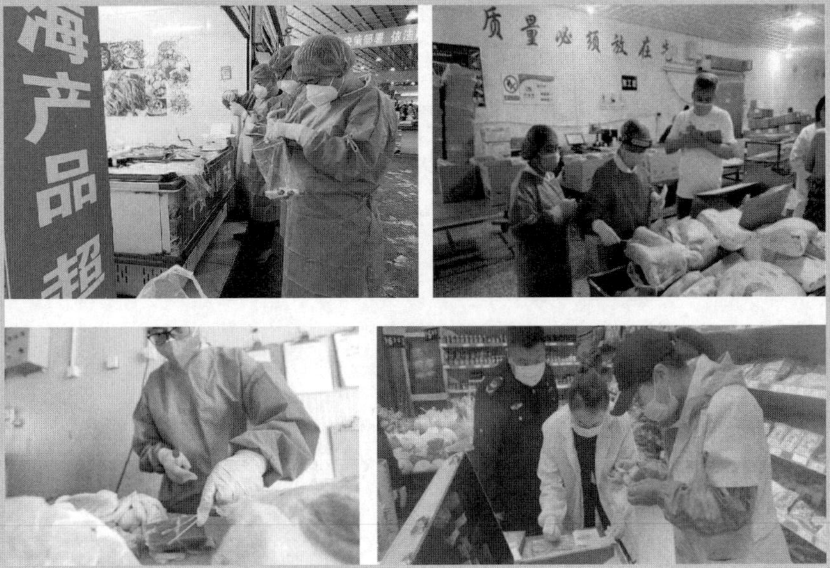

任务二 样品的制备、保存和预处理

任务导入

采样人员前往家畜屠宰企业采集了一批羊肉，实验员采用液相色谱-质谱法进行瘦肉精的检测，由于样品多，不能一次性完成检验，需要部分样品制备后进行储藏。你是实验员助理，现在由你来完成这个工作，你打算怎么做呢？

学习目标

❖ 知识目标

1. 掌握样品运输、制备、保存的方法以及样品预处理的方法。
2. 了解样品的保存的重要性和原则。
3. 了解样品预处理的原理。

❖ 能力目标

1. 能正确保存样品。

2. 能正确制备样品。

3. 能根据需要对样品进行预处理。

❖ 素质目标

1. 预处理的本质是在复杂的食品环境中释放或置换出被检验成分，有着现象和本质的关系，从而培养学生透过现象看本质的思维。

2. 样品制备是试验第一步，加强对做好第一步的认识，培养学生万事做好开端的意识。

相关知识

一、样品的运输、制备、储存方法

1. 样品的运输

不论是将样品送回实验室，还是要将样品送到别处去分析，都要考虑和防止样品变质。生鲜样品要冰冻运送，易挥发样品要密封运送，水分较多的样品要装在几层塑料食品袋内封好，干燥的样品可用牛皮纸袋盛装，样品的外包装要结实而不易变形和损坏。此外，运送过程中要注意车辆的清洁，注意车站、码头有无污染源，避免样品污染。

2. 样品的制备和储存方法

样品的制备是食品检验中的第一步，检验前一定认真阅读检验标准，根据标准对样品进行正确的制备，只有做好第一步，才能顺利完成后续检验。

（1）样品的制备　食品的种类繁多，许多食品各个部位的组成都有差异，特别是固体试样往往质量大而且很不均匀，必须经过多次破碎、过筛、混匀和缩分等过程才能制备成分析试样。因此为了保证分析结果的准确性，在检验之前，必须对分析的样品加以适当的制备。样品的制备是指对采取的样品进行分取、粉碎及混匀等过程，其目的是保证样品的均匀性，在检测时取任何部分都能代表全部样品的成分。样品的制备一般将不可食部分先去除，再根据样品的不同状态采用不同的制备方法。在样品制备过程中，还应注意防止易挥发性成分的逸散和避免样品组成成分及理化性质发生变化，尤其是做微生物检验的样品，必须根据微生物学的要求，严格按照无菌操作规程制备。

样品制备的方法因样品的状态不同而异：

①液体、浆体或悬浮液体，一般先将样品充分混匀搅拌。常用的搅拌工具有玻璃棒、电动搅拌器，液体采样器。

②互不相溶的液体，如油与水的混合物，分离后分别制备。

③固体样品，应先破碎或切分、捣碎、研磨或用其他方法研细、捣匀。常用工具有绞肉机、磨粉机、研钵、高速组织捣碎机等。破碎是用机械的方法进行的，

一般分为粗碎、中碎和细碎三个阶段。粗碎通常用颚式破碎机将试样破碎成能全部通过 10 目的孔筛；中碎，一般用盘式破碎机或对辊式破碎机将粗碎样品粉碎至能通过 20 目筛；细碎，用盘式粉碎机或研钵进一步磨碎直至样品能通过检验方法要求的 100~200 目的筛孔。

④罐头，水果罐头在捣碎前须清除果核，肉禽罐头应预先清除骨头，鱼类罐头要将调味品（葱、辣椒等）分出后再捣碎。常用工具有高速组织捣碎机等。

在测定农药残留量时，各种样品制备方法如下：

①粮食，充分混匀，用四分法取 200g 粉碎，全都通过 40 目筛。

②蔬菜和水果，先用水洗去泥沙，然后除去表面附着的水分。依当地食用习惯，取可食部分沿纵轴剖开，各取四分之一，切碎，充分混匀。

③肉类，除去皮和骨，将肥瘦肉混合取样。每份样品在检验农药残留量的同时，应进行粗脂肪含量的测定，以便必要时分别计算农药在脂肪或瘦肉中的残留量。

④蛋类，去壳后全部混匀。

⑤禽类，去毛，开膛去内脏，洗净，除去表面附着的水分。纵剖后将半只去骨的禽肉铰成肉泥状，充分混匀。检验农药残留量的同时，还应进行粗脂肪含量的测定。

⑥鱼类，每份鱼样至少三条。去鳞、头、尾及内脏，洗净，除去表面附着的水分，纵剖，取每条的一半，去骨刺后全部铰成肉泥状，充分混匀。

（2）样品的储存　采集好的样品，为了防止其水分或挥发性成分散失，以及其他待测成分含量经过光照、高温发生分解变化，应立即进行分析。如果不能立即分析，则应妥善保存，样品保存的原则是：干燥、低温、避光、密封。

通常制备好的样品应放在密封洁净的容器内，置于阴暗处保存；易腐败变质的样品应保存在 0~5℃的冰箱里，保存时间也不宜过长；有些成分，如胡萝卜素、黄曲霉毒素 B_1、维生素 B_2 等，容易发生光解，以这些成分作为分析项目的样品必须在避光条件下保存；特殊情况下，样品中可加入适量的不影响分析结果的防腐剂或将样品置于冷冻干燥设备内进行冷冻升华干燥来保存样品。此外，样品保存环境要清洁干燥，存放的样品要按日期、批号、编号摆放以便查找。

二、样品的预处理

食品的成分很复杂，既含有大分子有机化合物，如蛋白质、糖、脂肪、维生素、农药等有机大分子化合物，也含有许多钾、钠、钙、铁、镁等无机元素。它们以复杂的形式结合在一起，当以选定的方法对其中某种成分进行分析时，其他组分的存在常会产生干扰而影响被测组分的正确检出。为此在分析检测之前，必须采取相应的措施排除干扰。另外，有些样品待检物质含量在食品中极低，比如农药、兽药、毒素等，但危害很大，完成此类组分测定，有时会因为所选方法的灵敏度不够而难以检出。这种情形下往往需对样品中的相应成分进行浓缩，以满足分析方法的要求，因此样品预处理是非常必要的一个环节。一般在进行样品预处理时总的原则是：消除干扰因素、完整保留被测组分、使被测组分浓缩，以获得可靠的分析结果。

常用的样品预处理方法有 7 种，应用时应根据食品的种类、分析对象、被测组分的理化性质及所选用的分析方法决定选用哪种预处理方法。

1. 有机物破坏法

有机物破坏法主要用于食品无机元素的测定，由于食品中的矿物质与蛋白质或有机酸结合成为难溶、难离解的有机金属化合物，要想测定这些矿物质的含量，必须在测定前破坏有机物结合体，释放出被测组分。破除这种干扰的常用方法就是在不损失矿物质的前提下破坏全部有机质，通过高温或强氧化剂的条件将有机物分解，呈气态逸散，从而使被测组分留下来。根据操作条件不同，有机物破坏法被分为以下几类。

（1）干消化法（又称灰化） 这是一种利用高温灼烧的方式破坏样品中有机物的方式，因此又叫灼烧法。除了汞之外，多数金属和部分非金属都可用此方法处理样品。通常将称量后的样品置于坩埚中，于普通电炉上加热，使其中的有机物脱水、炭化、分解、氧化，再转入高温炉于 500～550℃ 灼烧灰化，如不能灰化彻底，取出放冷后，加入少许硝酸或双氧水润湿残渣，小心蒸干后再转入高温炉灰化，直至残灰为白色或浅灰色为止，所得的残渣即为无机成分，可供测定用。

干消化法破坏彻底、操作简便、使用试剂少，但破坏时间长、温度高。

（2）湿消化法（又称消化） 在酸性溶液中，向样品中加入强氧化剂，并加热消煮，使有机质完全分解、氧化、呈气态逸出，待测组分转化成无机状态存在于消化液中，供测试用，简称消化。常用的强氧化剂有硫酸、硝酸、高氯酸、高锰酸钾、双氧水等。

湿消化法操作简便，可一次处理较大量样品，适用于生物样品中微量金属元素分析。该法的缺点是，若要将样品完全消化需要消耗大量的酸，且需高温加热，从而导致器壁及试剂给样品带来沾污，消化前将所用容器用 1∶1 HNO_3 加热清洗，并将所用酸溶液进行煮沸蒸馏除去其中的微量金属元素干扰；某些混酸对消化后元素的光谱测定存在干扰，例如当溶液中含有较多的 $HClO_4$ 或 H_2SO_4 时会对元素的石墨炉原子吸收测定带来干扰，测定前将溶液蒸发至近干可除去此类干扰；消化时间长，比如猪肉含油脂比较多，相对蔬菜来说比较难消化，茶叶消化过程中会产生气泡，中途需取下冷却一下。

（3）微波消解法 微波消解常利用微波加热封闭容器中的消解液。微波是一种电磁波，通常介质材料由极性分子和非极性分子组成。在电磁场作用下，极性分子从原来的随机分布状态转向按照电场的极性排列取向。在高频电磁作用下，这些取向按交变电磁场的变化而变化，极性分子在微波电磁场中快速旋转和离子在微波场中的快速迁移、相互摩擦，迅速提高反应物温度，激发分子高速度旋转和振动，使之处于反应的准备状态或亚稳态，促使物质与酸等试剂发生反应被消解。

微波消解技术具有高效快速、试剂用量少、环境污染小等优点，加热快、升温高，消解能力强，大大缩短了溶样时间。微波消解能使样品中极性分子在高频交变电磁场中发生振动，相互碰撞、摩擦、极化而产生高热。

2. 蒸馏法

蒸馏法是利用液体混合物中各组分挥发度不同进行分离的方法，可以去除干扰组分，也可用于被测组分的蒸馏逸出，然后收集蒸馏液来进行分析。蒸馏加热的方式有水浴、油浴、直接加热。根据被蒸馏物质的稳定性分为常压蒸馏、减压蒸馏、水蒸气蒸馏。

（1）常压蒸馏　当被蒸馏的物质受热后不易发生分解或在沸点不太高的情况下，可在常压进行蒸馏。常压蒸馏的装置比较简单，加热方法要根据被蒸馏物质的沸点来确定；如果沸点不高于 90℃ 可用水浴，如果超过 90℃，则可改为油浴、沙浴、盐浴或石棉浴。如果被蒸馏物质不易爆炸或燃烧，可用电炉或酒精灯直接用火加热，最好要垫以石棉网，使受热均匀且安全。当被蒸馏物质的沸点高于 150℃时，可用空气冷凝管代替冷水冷凝器，如图 1-2 所示。

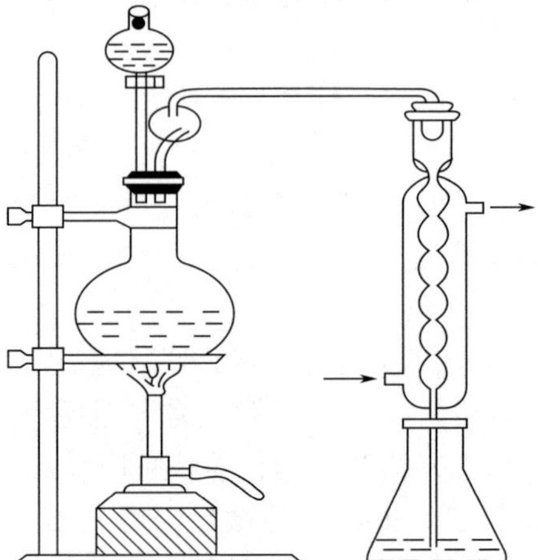

图 1-2　常压蒸馏装置

（2）减压蒸馏　当被蒸馏物质在常压蒸馏条件下极易分解，或者是沸点太高时，必须降低蒸馏温度，其中最常用的方法就是在低压条件下进行。常用水泵或真空泵来达到减压的目的，如图 1-3 所示。

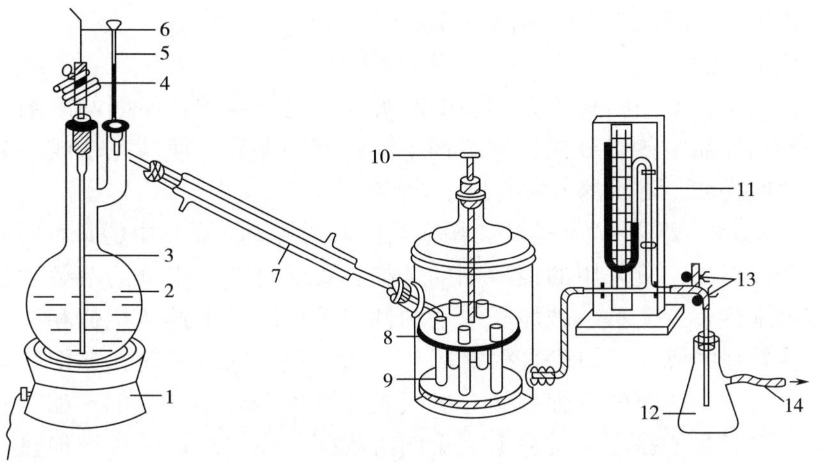

图 1-3 减压蒸馏装置

1—电炉 2—减压蒸馏瓶 3—毛细管 4—螺旋止水夹 5—温度计 6—细铜丝 7—冷凝管 8—接收器 9—接收管 10—转动把 11—压力机 12—安全瓶 13—三通管阀门 14—接抽气机

（3）水蒸气蒸馏 将水和与水互不相溶的液体一起蒸馏，这种方法称为水蒸气蒸馏法，适用于两种或两种以上组分是可以互溶而且沸点相差很小的混合液体，如图 1-4 所示。

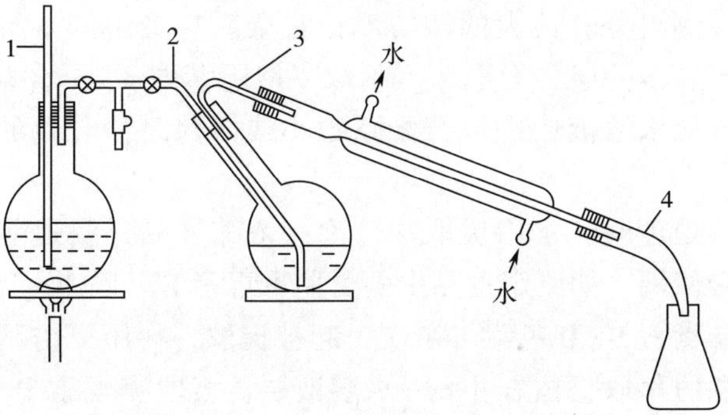

图 1-4 水蒸气蒸馏装置

1—安全管 2—水蒸气导管 3—馏出液导管 4—接液管

（4）蒸馏操作注意事项

①蒸馏瓶中装入的液体体积最大不超过蒸馏瓶的 2/3。同时加玻璃珠、毛细管等防止暴沸，蒸汽发生瓶也要装入玻璃珠或毛细管。

②温度计插入高度应适当，以与通入冷凝管的支管在一个水平上或略低一点为宜。

③有机溶剂的液体应用水浴，并注意安全。

④冷凝管的冷凝水应由低向高逆流。

3. 溶剂提取法

同一溶剂中，不同的物质有不同的溶解度；同一物质在不同的溶剂中溶解度也不同。利用样品中各组分在特定溶剂中溶解度的差异，使其完全或部分分离称为萃取，也叫提取。常用的方法有以下几种。

（1）浸提法　即液-固萃取法，用适当的溶剂将固体样品中的某种被测组分浸取出来称为浸提法，所采用的提取剂的选择，要求对被测组分的溶解度最大，对杂质的溶解度最小，又不会破坏提取物的性质，提取效果遵从相似相溶原则。通常对于极性较强的成分，如黄曲霉毒素 B_1，可用极性大的溶剂，如甲醇与水的混合液提取。对极性较弱的成分，如有机氯农药可用极性小的溶剂，如正己烷、石油醚提取。有时为了提高物质在溶剂中的溶解度，往往浸提时适当加热。那么选择的溶剂的沸点应适当，太低易挥发，过高又不易浓缩。

（2）溶剂萃取法　利用适当的溶剂，通常为有机溶剂，将液体样品中的被测组分或杂质提取出来称为萃取。其原理是被提取的组分在两互不相溶的溶剂中分配系数不同，从一相转移到另一相中而与其他组分分离，从而达到分离的目的。如果被转移的成分是有色化合物，可用有机相直接进行比色测定，即萃取比色法。萃取比色法具有较高的灵敏度和选择性，如双硫腙法测定食品中的铅含量。此法设备简单、操作迅速、分离效果好、使用广泛，但是成批试样分析时工作量大。同时，萃取溶剂常易挥发，易燃，且有毒性，操作时应加以注意。

萃取剂应对被测组分有最大的溶解度，对杂质有最小的溶解度，且与原溶剂不互溶；两种溶剂易于分层，无泡沫。萃取一般需萃取 4~5 次方可分离完全。若萃取剂比水轻，且从水溶液中提取分配系数小或振荡时易乳化的组分时，可采用连续液体萃取器。

在试样进行预处理时，常用提取法分离、浓缩样品，浸提法和萃取法既可以单独使用也可联合使用。如测定食品中的黄曲霉毒素 B_1，先将固体样品用甲醇-水溶液浸提，黄曲霉毒素 B_1 和色素等杂质一起被提取，再用氯仿萃取甲醇-水溶液，色素等杂质不被氯仿萃取仍留在甲醇-水溶液层，黄曲霉毒素 B_1 被氯仿萃取，这样达到黄曲霉毒素 B_1 分离的目的。

4. 盐析法

向溶液中加入某种无机盐，使溶质在原溶液中溶解度大大降低，而从溶液中析出，称盐析。如蛋白质溶液中加入大量的盐类，特别是重金属盐类，使蛋白质从溶液中沉淀出来。在进行盐析工作时，应注意溶液中所要加入物质的选择。它不能破坏溶液中要析出的物质，否则达不到盐析提取的目的。除此之外，还要注意选择适当的盐析条件，如溶液的 pH、温度等。盐析沉淀后，根据溶剂和析出物质的性质和实验要求，选择适当的分离方法，如过滤、离心分离和蒸发等。

5. 化学分离法

（1）磺化法和皂化法　磺化法是以硫酸处理样品提取液，使其中的脂肪磺化，并生成溶于硫酸和水的强极性化合物而从有机溶剂中分离出来。皂化法是以热碱KOH-乙醇溶液与脂肪及其杂质发生皂化反应，而将其除去。这是处理油脂或含脂肪样品时经常使用的方法。例如，残留农药进行分析和脂溶性维生素测定中，油脂被浓硫酸磺化，或者被碱皂化，油脂由疏水性变成亲水性，使油脂中所检测的非极性物质较容易地被非极性或弱极性溶剂提取出来。

（2）沉淀分离法　沉淀分离法是利用沉淀反应使被测组分或干扰组分沉淀下来，再经过滤或离心从而达到分离的目的。

（3）掩蔽法　掩蔽法是向样液中加入掩蔽剂，使干扰组分改变其存在状态，成为被掩蔽状态，以消除其对被测组分的干扰。这种方法，可以不经过分离干扰成分的操作而消除其干扰作用，简化了分析步骤，因而在食品分析中应用十分广泛。本法常用于金属元素的测定。

6. 色谱分离法

色谱分离法又称色层分离法，是将样品中的组分在载体上进行分离的方法。这是应用最广泛的分离方法之一，色谱分离的最大特点是不仅分离效果好，而且分离过程往往也是鉴定的过程。尤其对一系列有机物质的分析测定，色谱分离具有独特的优点。常用的色谱分离有柱层析和薄层层析两种，由于选用的柱填充物和薄层涂布材料不同，因此有各种类型的柱层析分离和薄层层析分离。

（1）吸附色谱分离　是利用聚酰胺、硅胶、硅藻土、氧化铝等活化处理后，吸附剂对样品中的各组分依其吸附能力不同被载体选择性吸附而分离。如食品中色素的测定，即将样品溶液中的色素经吸附剂吸附，经过过滤、洗涤，再用适当的溶剂解吸，得到比较纯净的色素溶液。吸附剂可以直接加入样品中吸附色素，也可将吸附剂装入玻璃管制成吸附柱或涂布成薄层板使用。

（2）分配色谱分离　根据样品中的组分在固定相和流动相中的分配系数不同而进行分离。当溶剂渗透在固定相中并向上渗展时，分配组分就在两相中进行反复分配，进而分离。如多糖类试样在纸上层析，样品经酸水解处理，中和后制成试液，在滤纸上点样，用苯酚-1%氨水饱和溶液展开，苯胺邻苯二甲酸显色，于105℃加热几分钟，可见不同色斑，戊醛糖是红棕色、己醛糖是棕褐色、己酮糖是淡棕色、双糖类是黄棕色。

（3）离子交换色谱分离　利用离子交换剂与溶液中的离子发生交换反应实现分离，分为阳离子交换和阴离子交换。该法可用于从样品溶液中分离待测离子，也可从样品溶液中分离干扰组分。分离操作可将样液与离子交换剂一起混合振荡或将样液缓缓通过事先制备好的离子交换柱，则被测离子与交换剂上的 H^+ 或 OH^- 发生交换，或是被测离子上柱，或是干扰组分上柱，从而将其分离。

7. 浓缩法

（1）常压浓缩　只能用于待测组分为非挥发性的样品试液的浓缩。操作可采用蒸发皿直接挥发，若溶剂需回收，则可用一般蒸馏装置或旋转蒸发器。常压浓缩适用于样液中有效成分耐热，而溶剂不易燃，无毒，无经济价值的情况。如自然挥发法，将待浓缩的溶液置于室温下，使溶剂自然蒸发，此法浓缩速度慢，但简便。吹气法，采用吹干燥空气或氮气，使溶剂挥发，此法浓缩速度较慢，对于易氧化、蒸气压高的待测物，不能采用吹干燥空气的方法浓缩。

（2）减压浓缩　指在密闭的容器内，抽去液面上的空气和蒸汽，使溶液沸点降低，从而比常压下更快地浓缩溶液的方法，适用于含热敏性物质溶液的浓缩，同时可以回收有机溶剂。若待测组分为热不稳定或易挥发的物质，其样品净化液的浓缩需采用 K-D 浓缩器，此法简便、待测物不易损失，是较普遍采用的方法。还有真空旋转蒸发法，即在减压、加温、旋转条件下浓缩溶剂的方法。此法浓缩速度快，待测物不易损失、简便，是最常用理想的浓缩方法。

（3）薄膜蒸发　指使药液在蒸发时形成薄膜增加汽化表面的方法，具有速度快、样液受热时间短、成分不易被破坏等特点，可以在常压或减压下进行，也可回收溶剂重复使用。

8. 样品现代处理技术

科学技术发展对食品分析技术提出了更高的要求，当然也对样品的前处理提出了更高的要求。速度快、批量大、自动化程度高、成本低、劳动强度低、试剂消耗少、有利于人员健康和环境保护、方法准确可靠，是评价样品前处理方法的重要准则。

（1）超临界流体萃取　超临界流体萃取技术，是指在临界温度和临界压力以上，且接近临界点状态下的流体作为萃取溶剂，利用其兼有液体和气体的双重性质，在临界点附近的超临界区内与待分离混合物中的溶质具有异常相平衡行为和传递性能，且对溶质的溶解能力随压力和温度的改变而在相当宽的范围内变动，通过控制温度和压力进行选择性提取的高效新型提取技术。与传统的水蒸气蒸馏法及溶剂萃取法相比，具有传质速度快、渗透能力强、溶解萃取效率高、提取温度低、可室温下操作而更利于热敏性成分的提取、无溶剂残留、无污染、操作方便、快速、低廉的优点。

（2）超声波提取　超声波提取技术，是指以超声波辐射压强产生的骚动效应、空化效应和热效应，引起机械搅拌、加速扩散溶解的一种提取方法。此法能够更有效地提高提取效率，瞬间稳定升高温度，对热不稳定成分影响较小。

（3）固相微萃取　固相微萃取是在固相萃取基础上，于 20 世纪 90 年代兴起并迅速发展的更为新型、环境友好的样品前处理技术，无须有机溶剂，操作也很简便。该技术使用的是一支携带方便的萃取器，适于室内使用和野外现场取样分析，也易于自动操作。这对样品数量多、操作周期短的常规分析极为重要，不仅省时省力，而且对提高方法的准确度和重现性有重要意义。该技术在一个简单过程中同时完成了取样、萃取和富集，在液体样品中微量有机污染物萃取方面有重要贡献。

（4）微波萃取　即微波辅助萃取，是用微波能加热与样品相接触的溶剂，将所需化合物从样品基体中分离，进入溶剂中的过程。此项技术已广泛应用于食品、生物样品及环境样品的分析与提取。作为一种新型的萃取技术，微波萃取有独特的优点。首先体现在微波的选择性，因其对极性分子的选择性加热从而对其选择性溶出；其次是大大降低了萃取时间，提高了萃取速度，传统方法需要几小时至十几小时，超声提取法也需半小时到 1 小时，微波提取只需几秒到几分钟，提取速率提高了几十至几百倍，甚至几千倍；最后，微波萃取由于受溶剂亲和力的限制较小，可供选择的溶剂较多，同时减少了溶剂的用量。

（5）凝胶渗透色谱　凝胶渗透色谱技术是根据溶质（被分离物质）相对分子质量的不同，通过具有分子筛性质的同定相（凝胶），使物质达到分离。凝胶渗透色谱技术最初主要用来分离蛋白质，但随着适用于非水溶剂分离的凝胶类型的增加，凝胶渗透色谱技术在农药残留净化的应用上得以发展。

（6）减压层析分离　减压层析分离技术是一种简便、快速、高效的层析分离方法，其基本原理与普通柱层析相同。与其他层析分离方法相比，减压层析分离具有设备简单、操作方便、时间短等优点，可避免样品由于长时间的吸附而变质，适用于分离不太稳定的化合物。但该法在溶剂用量上比普通柱层析大，且不能直接观察色带来进行切割洗脱。

除此之外，还有高速逆流色谱分离、膜分离技术、分子蒸馏、分子印迹分离等。

任务实施

一、材料准备

实验材料如表 1-5 所示。

表 1-5　　实验材料

序号	材料	要求
1	羊肉	若干
2	自封袋	若干
3	密封盒	若干
4	封条	若干

二、仪器和设备准备

实验仪器和设备如表 1–6 所示。

表 1–6　　实验仪器和设备

仪器	要求
捣碎机	一台

三、分析操作

（1）将采集包装好的带骨羊肉样品打开，去骨后，放入捣碎机中，进行捣碎。
（2）将捣碎的样品全部放入密封盒。
（3）将密封盒装入自封袋，标记。

任务评价

样品预处理评价标准见表 1–7。

表 1–7　　样品预处理评价表

评价内容	评价标准	分值	评价记录
去骨捣碎	去骨熟练，动作娴熟，取样合理，捣碎程度高	40	
装入密封盒	动作娴熟，无洒落，装量适当	30	
标记	标记清晰，易辨识	30	
合计			

课后巩固

（1）（　　）主要用于食品无机元素的测定，由于食品中的矿物质与蛋白质或有机酸结合成为难溶、难离解的有机金属化合物，要想测定这些矿物质的含量，必须在测定前破坏有机物结合体，释放出被测组分。破除这种干扰的常用方法就是在不损失矿物质的前提下破坏全部有机质，通过高温或强氧化剂的条件将有机物分解，呈气态逸散，从而使被测组分留下来。

A. 蒸馏法　　B. 有机物破坏法
C. 色谱分离法　　D. 盐析法

（2）利用适当的溶剂（通常为有机溶剂）将液体样品中的被测组分或杂质提

取出来称为（　　）。

A. 分离　　B. 提取

C. 萃取　　D. 沉淀

（3）掩蔽法是向样液中加入掩蔽剂，使干扰组分改变其存在状态，成为被掩蔽状态，以消除其对被测组分的干扰，常用于（　　）的测定。

A. 金属元素　　B. 非金属元素

C. 有机物　　D. 无机物

（4）下列（　　）处理方法不属于浓缩法。

A. 减压浓缩　　B. 常压浓缩

C. 高压浓缩　　D. 薄膜蒸发

（5）常压蒸馏的装置比较简单，加热方法要根据被蒸馏物质的沸点来确定，如果沸点不高于（　　）可用水浴。

A. 100℃　　B. 95℃

C. 93℃　　D. 90℃

（6）常用的六种样品处理方法是：有机物破坏法、蒸馏法、溶剂提取法、盐析法、物理分离法、色谱分离法。（　　）

（7）冷凝管的冷凝水应由低向高逆流。（　　）

（8）沉淀分离法属于物理分离法。（　　）

（9）蒸馏操作注意事项有哪些？

（10）干消化法（又称灰化）的消化过程是怎样的？

（11）微波萃取技术应用在哪些方面？

思政小课堂

透过现象看本质

食品成分纷繁复杂，相互结合，相互影响，所有的制备和预处理过程是为了将待检验成分充分暴露出来。待检验成分即为本质，食品本身即为现象，制备和预处理就是抛开纷繁复杂的现象寻求本质。“透过现象看本质”，就是在看待问题时，能够抓住这个事件背后的“根本性”运作逻辑，你能够理解它真正的前因后果，而不是被这个事件的表象、无关要素、感性偏见等影响了判断。这是一种非常重要的思维方式。习近平主席在2020年秋季学期中央党校（国家行政学院）中青年干部培训班开班式上强调：“要能够透过现象看本质，做到眼睛亮、见事早、行动快”。时代日新月异，世事纷繁复杂，我们只有善于透过现象看本质，善于抓住事物的根本和关键，坚持按照客观规律办事，才能更好地推动工作。

任务三 测定结果记录及数据处理

任务导入

在鲜牛乳的酸度检测过程，需要记录原始数据，并根据公式对原始数据进行处理和计算，请你根据所学知识设计数据记录表并完成计算过程。

学习目标

❖ 知识目标

1. 了解原始记录填写要求和规定。
2. 掌握误差的类型、来源和表示方法。
3. 掌握误差的控制方法。
4. 掌握有效数字的运算。

❖ 能力目标

1. 能使用不同的方法避免误差的产生。
2. 能正确填写原始记录。
3. 能正确运算有效数字。

❖ 素质目标

1. 根据填写试验原始数据报告单以及试验记录的重要性，培养学生实事求是、诚实守信的态度。

2. 通过课前布置任务，课中学生自行完成，并进行评价，使学生认识到实验预习与实验准备的重要性。

相关知识

一、原始记录表格的编制要求、填写要求和规定

实验室应确保能方便获得所有的原始记录和数据，记录的详细程度应确保在尽可能接近条件的情况下能够重复实验室活动。只要适用，记录内容及编制表格要求应包括但不限于以下信息。

（1）样品描述　包括样品的名称、来源、生产日期、批号等。

（2）样品唯一性标识。

（3）所用的检测、校准和抽样方法。

（4）环境条件，特别是在实验室以外的地点实施的实验室活动，标明与检测结果有直接影响的环境条件（如温度、湿度）。

（5）所用设备和标准物质、标准溶液的信息，包括使用的仪器，如检测某一项目所具体使用的仪器型号、名称、出厂编号（此是仪器的唯一标识），以及该仪器使用时的条件要求（例：高温电炉使用温度、分光光度计波长等）。标准物质是指质量控制所用的标准物质（或参考物质），需标明标准物质的来源、级别、定值期及有效期。实验中所用的标准溶液，如分光光度法中作标准溶液用，需标明标准物的名称、来源、浓度、定值期及有效期；滴定所用的标准溶液，需标明名称、标定后浓度、标定日期。

（6）检测或校准过程中的原始观察记录，根据观察结果所进行的计算以及计算公式。

（7）实施实验活动的人员，检测数据全部记录完毕后，检测该项目的人员签名。该人员必须是专业人员或经过专业培训的长期签约人员。

（8）实施实验活动的地点（如果未在实验室固定地点实施）。

（9）检测报告或校准证书的副本。

（10）其他。原始记录填写应及时、真实、准确、内容完整、字迹清晰，不得随意涂改，不允许补记，附有相应的计量单位，应用蓝色或黑色墨水的钢笔、签字笔或圆珠笔，不得用铅笔或红色墨水钢笔、签字笔、圆珠笔等填写；内容与前项相同时应重复填写，不得用“……”，或“同上”“同左”“→”等简写方式表示；记录签名应使用日常签名样式，不得随意变化，并且记录有检验数据或相关信息的所有页次都必须有当事人的签名和记录日期，如果同一页上的数据由多人记录，每位记录者均须署名并标明日期，所有的原始数据均须经第二者复核并签名认可；记录应按表格内容填写齐全，数据完整，不准留有空格，如无内容可填写，应用“N/A”或“不适用”说明；禁止一切伪造、编造、修改数据，代签字等行为。

注：检测报告或校准证书的副本是指实验室发给客户的报告或证书版本的副本，可以是纸质版本或不可更改的电子版本，其中应包含报告或证书的签发人、认可标识（如使用）等信息。

实验室应在记录表格中或成册的记录本上保存检测或校准的原始数据和信息，也可直接录入信息管理系统中，可以是设备或信息系统自动采集的数据。当记录中出现错误必须改正时，应划改不能涂改，在错误的文字或数字上画“=”以示清除，将正确的写在右上角，并有改动人的签章（或签名缩写）。

注：原始记录为试验人员在试验过程中记录的原始观察数据和信息，而不是试验后所誊写的数据。当需要另行整理或誊抄时，应保留对应的原始记录。实验室不能随意用一页白纸来保存原始记录。

实验原始数据是实验前期操作结果的体现，不管数据是否合适，检验者应如实记录，不管外部环境如何变化，绝不能随意修改，这是检验者职业素养的表现，也是实事求是、诚实守信的态度体现。

二、食品分析中的误差分析

1. 误差的种类和来源

食品分析的结果是经过一系列操作步骤得来的，其中的每一个步骤都有可能引进误差。误差是指分析结果所得到的测定值和真实值之间的差值。它有正负之分，分析结果大于真实值，误差为正；分析结果小于真实值，误差为负。

根据误差的性质和来源，可将误差分为系统误差和偶然误差两大类。

（1）系统误差　系统误差也称为可测误差，它是由实验操作过程中某些确定的、经常的原因造成的，对测得结果的影响比较固定，在同样条件下，重复测定时，它会重复出现。其特点是：对分析结果的影响比较固定，误差的正负具有单向性，大小具有规律性。因此，如果找出原因，即可设法减小到可忽略的程度。

系统误差产生的原因归纳如下。

①仪器误差：仪器误差是由使用的仪器本身不够准确或未经校准造成的，例如，仪器表头刻度不准；天平的砝码数值不够准确；坩埚灼烧后失重；使用未经校正的滴定管、移液管、容量瓶等。

②试剂误差：主要是由试剂不纯或蒸馏水中含有干扰杂质或待测组分造成。

③方法误差：是由分析方法本身所造成的误差，它取决于分析体系的化学或物理性质。例如，过滤沉淀时总有相当于溶度积的一部分留在滤液中，这无法避免，但可以用化学分析法测定沉淀中被测组分含量，用仪器分析法测定滤液中被测组分的含量，两者之和即是该被测组分的总含量，以此减小误差，提高测定的准确度；滴定分析中反应进行得不完全，指示剂的终点与化学计量点不一致以及滴定时发生副反应等，都会导致分析结果偏高或偏低。

④操作误差：指化验人员掌握操作条件与正确的操作规程稍有出入而造成的误差。例如，所取试样代表性不理想，试样消化不彻底、沉淀不完全或沉淀在洗涤时溶解损失、滴定管读数偏高或偏低、滴定终点到达时对颜色变化的观察不够敏锐等。

方法误差从性质上说不同于操作误差，前者是分析方法本身的固有特性，而后者是操作者处理分析程序不妥当所致。例如，滤液中总存在有被测的沉淀组分使沉淀损失，属于方法误差。但如果洗涤沉淀时使用过多的洗涤液，由此造成沉淀的溶解损失则属于操作误差。方法误差不因人而异，操作误差是人为的，其数值的大小因人而异。但对同一个操作者来说，操作误差基本恒定不变。总之系统误差的出现是必然的，但可用各种办法加以校正，使系统误差接近消除。

（2）偶然误差　偶然误差又称为不可测误差或随机误差。在多次重复测定中，即使消除了引起系统误差的所有因素，所得数据仍然参差不齐，这是由某些难以控制的偶然因素造成的。例如，测定时环境的温度、湿度、气压和电压的变化、仪器的微小波动等。这些因素难以预料和估计，是随机的。但是，只要进行多次测定，便会发现偶然误差的分布完全服从一般的统计规律：

①在一定的条件下，在有限次数测量值中，其误差的绝对值不会超过一定界限。

②同样大小的正负值的偶然误差，几乎有相等的出现概率，小误差出现的概率多，大误差出现的概率小，特别大的误差出现的概率非常小。

（3）过失误差　因工作不负责、操作不正确、不按标准规程操作或粗心大意所造成的错误，则不属于误差范围，而是一种过失或称为过失误差，如加错试剂、用错仪器、读错刻度、溶液溅失、记录和计算错误等。在实际工作中，当出现很大误差时，应该认真寻找原因，如果是过失所引起的错误，应立即弃去该次结果，并重新测定。只要严格遵守操作规程，加强责任心，养成科学的工作态度和良好的工作作风，过失误差是完全可以避免的。

2. 误差的表示方法

（1）准确度和误差　某一稳定样品中加入不同水平已知量的标准物质（将标准物质的量作为真值）称加标样品，同时测定样品和加标样品，加标样品扣除样品值后与标准物质的误差为该方法的准确度，即准确度是指测定值（x_i）与真实值（T）之间相互符合的程度，它能说明测定的可靠性，可用误差来表示。误差的大小是衡量准确度高低的尺度。误差有两种表示方法，有绝对误差和相对误差。

①绝对误差：被检样品的真实值为 T，而检测结果为 x_i，则绝对误差 E 可按式（1-1）计算：

$$E = x_i - T \tag{1-1}$$

②相对误差：绝对误差在真实值中所占的百分数即为相对误差 E_r，可按式（1-2）计算：

$$E_r = \frac{E}{T} \times 100\% \tag{1-2}$$

分析结果的准确度常用相对误差表示。

【例题 1】用电子天平称量两个样品的质量分别为：0.2011g 和 2.0100g，如果它们的真实质量分别为 0.2010g 和 2.0101g，这两个样品称量的准确度哪个较高？

解：$E_1 = x_1 - T = 0.2011 - 0.2010 = 0.0001$

$$E_2 = x_2 - T = 2.0100 - 2.0101 = -0.0001$$

$$E_{r1} = \frac{E_1}{T_1} \times 100\% = \frac{0.0001}{0.2010} \times 100\% = 0.05\%$$

$$E_{r2} = \frac{E_2}{T_2} \times 100\% = -\frac{0.0001}{2.0101} \times 100\% = -0.005\%$$

从计算结果可知，两样品称量的绝对误差相等，但相对误差却相差 10 倍。显然，用相对误差表示测定的准确度比用绝对误差表示更为确切一些。所以，称量2.0101g样品时的准确度较高。由此也可以看出，称量的绝对误差相等时，在允许的范围内，称量物越重，相对误差越小，称量的准确度越高。

绝对误差和相对误差都有正负值，正值表示分析结果偏高，负值表示分析结果偏低。

（2）精密度和偏差　同一样品的各测定值的符合程度为精密度。

在实际工作中，由于真实值通常是未知的，所以，对分析结果的评价常用精密度衡量。精密度是多次平行测定时，个别测定值（x_i）与平行测定的算术平均值（$\bar{x}$）之间相符合的程度，用偏差表示。

算术平均值（$\bar{x}$）：多次测定值，所得结果为 x_1、x_2、……、x_n，其算术平均值可按式（1-3）计算：

$$\bar{x} = \frac{x_1 + x_2 + x_3 + \cdots + x_n}{n} \qquad (1\text{-}3)$$

式中　n——重复测定次数；

x_i——n 次测定中第 i 个测定值。

偏差用来衡量分析结果相互接近程度，其值越小，平行测定的精密度越高，其表示方法如下。

①绝对偏差和相对偏差可按式（1-4）和式（1-5）计算：

$$\text{绝对偏差}(d_i) = x_i - \bar{x} \qquad (1\text{-}4)$$

$$\text{相对偏差}(d_r) = \frac{d_i}{\bar{x}} \times 100\% \qquad (1\text{-}5)$$

②标准偏差和相对标准偏差：当一批测定所得数据的分散程度较大时，仅从相对偏差还不能看出其精密度的好坏，需要采用标准偏差和相对标准偏差来衡量其精密度。

标准偏差又称均方根偏差，用标准差（S）表示，反映随机误差的大小，当测定次数不多时（$n<20$），按式（1-6）进行计算：

$$S = \sqrt{\frac{\sum_{i=1}^{n}(x_i - \bar{x})^2}{n - 1}} \qquad (1\text{-}6)$$

当 $n \geqslant 50$ 时，则分母 $n-1$ 可用 n 代替。

标准偏差占算术平均值（$\bar{x}$）的百分数称为相对标准偏差（RSD），它是衡量精密度的最常用公式，因为相对标准偏差能更科学地衡量精密度的好坏。相对标准偏差按式（1-7）进行计算：

$$\text{RSD} = \frac{S}{\bar{x}} \times 100\% \qquad (1\text{-}7)$$

（3）准确度和精密度　准确度与精密度是两个不同的概念，它们之间有一定的关系，测定分析结果必须从准确度和精密度两个方面来度量。准确度表示测定结果与真实值的符合程度，反映系统误差的大小，而精密度与真实值无关，它表示各平行测定结果之间的符合程度，只能反映测定时随机误差的大小。精密度高不一定准确度高，只有在消除了系统误差之后，精密度高，准确度才高。为了说明它们的关系，用打靶来比喻。如图 1-5 所示，A、B、C、D 四位民兵打靶，靶心即是目标，相当于被测组分的真实值，每人打三发，结果如图。

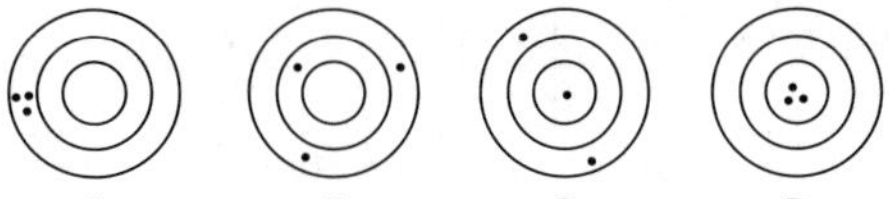

图 1-5　精密度与准确度的关系示意图

A 的精密度虽然很高，但存在有系统误差，准确度不高。B 和 C 精密度都不高，存在有显著的随机误差，已经失去了衡量准确度的前提。D 不存在显著的系统误差和偶然误差，精密度和准确度都很高。

分析测试工作和打靶相似，组分客观上存在的真实值就好比靶心，测定的结果就像子弹在靶上所穿的孔洞，它以一定的精密度和准确度分布在靶心（真实值）的周围。

综上所述，精密度高不一定准确度高，但准确度高一定需要精密度高，精密度高是保证准确度高的先决条件，只有在精密度较高的前提下，才能保证分析结果的可靠性，可能得到好的准确度。若精密度很差，说明测得的结果不可靠，已失去了衡量准确度的前提。对于一个合乎要求的分析测定结果，应同时有比较高的精密度和准确度。这就是准确度和精密度之间的逻辑关系。在评价分析结果时应将系统误差和偶然误差综合起来考虑。

3. 控制误差的方法

食品分析过程是由许多具体操作步骤组成的，每一步骤都可能会引入误差。误差具有加和性，操作步骤越繁杂，分析过程引入的误差累积可能性越大。因此，提高分析结果的准确度，就必须尽可能地减少系统误差和偶然误差。

（1）空白试验　由试剂、蒸馏水、实验器皿和环境带入的杂质所引起的系统误差，可以通过空白试验来消除或减少。

除不加试样外，采用完全相同的分析步骤、试剂和用量（滴定法中标准滴定液的用量除外），进行平行操作所得的结果，用于扣除试样中试剂本底和计算检验方法的检出限。

从试样分析结果扣除空白值，可以得到较准确的分析结果。

（2）校准仪器、设备和器皿　食品检验方法中所使用的马弗炉、恒温干燥箱、恒温水浴锅等设备，天平、酸度计、温度计、分光光度计、色谱仪等仪器和滴定管、移液管、容量瓶、刻度吸管、比色管等玻璃量器均应按国家有关规定及规程进行检定校正，可以通过校准减小系统误差。

（3）对照试验　对照试验是检验系统误差的有效方法。将已知准确含量的标准样，按照待测试样同样的方法进行分析，所得测定值与标准值比较，得一分析误差。用此误差校正待测试样的测定值，就可使测定结果更接近真实值。

（4）回收实验　试样中加入标准物质，测定其回收率，可以检验方法的准确程度和试样所引起的干扰误差，并可以同时求出精确度。

加入的标准物质的回收率（P）按式（1-8）进行计算：

$$P = \frac{X_1 - X_0}{m} \times 100\% \tag{1-8}$$

式中　P——加入的标准物质的回收率；

m——加入的标准物质的量；

X_1——加标试样的测定值；

X_0——未加标试样的测定值。

由回收率的高低来判断有无系统误差存在，回收率越接近 100%，说明方法的准确度越高。

4. 可疑数字的判定

在一组条件完全相同的重复试验中，个别的测量值可能会出现异常。如测量值过大或过小，这些过大或过小的测量数据是不正常的，或称为可疑的。对于这些可疑的数据应该用数理统计的方法判别其真伪，并决定取舍。

有几种常用的检验方法用于可疑数据的舍弃，Q 值检验法是其中常用的一个方法。其具体计算步骤为：第一步，将一组数据大小按顺序排成 $x_1 \leqslant x_2 \leqslant x_3 \leqslant \cdots \leqslant x_n$ 的形式，并计算极差，即最大值和最小值之差（$x_n - x_1$）；第二步，计算可疑值及其最邻近值之差的绝对值；第三步，按式（1-9）进行计算 Q 值。

$$Q = \frac{|x_2 - x_1|}{x_n - x_1} \tag{1-9}$$

式中　x_1——可疑值；

x_2——可疑值 x_1 的最邻近值；

$x_n - x_1$——所有数值的极差（最大值和最小值之差）。

最后，查舍弃商 Q 值表（表 1-8），与第三步计算结果进行比较，如果第三步计算所得 Q 值大于或等于表 1-8 中的 Q 值，那么该可疑值可被舍弃，否则应当保留。

表 1-8　舍弃商 Q 值（置信度 90%）表

测定次数	$Q_{0.90}$	测定次数	$Q_{0.90}$
3	0.94	7	0.51
4	0.76	8	0.47
5	0.64	9	0.44
6	0.56	10	0.41

【例题2】测得如下一组数据：3.18、3.25、3.21、3.39、2.32，其中最小值2.32是可疑值，试用 Q 值检验法确定是否舍弃该值。

解：

$$Q=\frac{|x_2-x_1|}{x_n-x_1}=\frac{|3.18-2.32|}{3.39-2.32}=0.80$$

由表1-8查得，当测五次时，$Q_{0.90}$ 为0.64；计算出 Q 值为0.80，大于 $Q_{0.90}$（0.64），因此，该值2.32应当舍弃。

三、有效数字及其运算规则

1. 有效数字

有效数字是指分析仪器实际能测量到的数字。其一般只保留一位可疑数字（介于仪器两个最小分度之间的数值，为估计读数），其余数字都是准确的。例如：滴定分析中某次滴定管的读数为18.85mL，其中“18.8”是根据滴定管刻度示值准确读取的，末位“5”为估计读数；实际体积可能是18.84mL，也可能是18.86mL。

有效数字的位数不仅代表数值的大小，还反映了测量的相对误差。例如：使用滴定管移取25mL液体，记为25.00mL，4位有效数字，其相对误差为

$$(\pm0.01/25.00)\times100\%=\pm0.04\%$$

如果使用量筒量取25mL液体，则记为25.0mL，3位有效数字，其相对误差为

$$(\pm0.1/25.0)\times100\%=\pm0.4\%$$

尽管在数学上25.00=25.0，但对测量值来说，25.00≠25.0，因其反映的测量准确度相差10倍。

有效数字的位数与十进位制单位的变换无关，与小数点的位置无关。例如，用天平称量一物质的质量0.2050mg，4位有效数字。当取质量的单位为微克时，记做205.0μg，依然是4位有效数字。小数点的位置与质量单位有关，与称量精度无关。

数据中非零数字之间或之后的“0”均属于有效数字，其他的“0”作为数字定值。

pH、lgk等对数值，有效数字为小数部分，如pH 4.34是2位有效数字。

2. 规则

计算结果的精确度取决于测量精度最差的那个原始数据的精度，计算结果有效数字位数取决于参与运算之间各量的有效数字位数及运算方式。GB/T 5009.1—2003《食品卫生检验方法　理化部分　总则》中有如下规定。

（1）运算规则　加减法运算结果有效数字的保留，应以小数点后位数最少的数字为依据，乘除法运算结果的有效数字位数，应以其中有效数字位数最少的那个数为准。

测定读数值按其仪器准确度确定了有效数字位数后，先进行运算，运算后的数值再修约。

复杂运算时，其中间过程多保留一位有效数字，最后结果再取应有的位数。

被运算数据的第一位数字等于大于 8 时，其有效数字应再多算一位。例如 8.18mL，表面上是三位有效数字，计算中可作为四位有效数字看待。

计算公式中出现的非测量所得的自然数或常数，可看成具有无限多位数。如水的相对分子质量为：$2\times1.008+16.00=18.02$，其中“2”可视为具有无限多位数。

一般来说，对于高组分含量（>10%）的测定，要求分析结果有四位有效数字；对于中组分含量（1%～10%），要求有三位有效数字；对于低组分含量（<1%），要求有两位有效数字。若国家标准有明确要求时，则按照标准执行。如 GB 5009.13—2017《食品安全国家标准　食品中铜的测定》中规定，原子吸收光谱法测定食品中的铜时，“计算结果保留两位有效数字，试样含量超过 10mg/kg 时保留三位有效数字”。

（2）修约规则　按“四舍六入五成双”的规则进行。修约数字时，只允许对原测量值一次修约到所需要的位数，不能分次修约。

数值修约遵守 GB/T 8170—2008《数值修约规则与极限数值的表示和判定》，为便于操作，可按如下口诀简明记忆，即“四舍六进，五看前后；五后非零则进一，五后皆零凑偶尾；五前奇数五进一，五前偶数五舍去”，示例如表 1-9 所示。

表 1-9　数值修约示例

修约口诀		举例（修约到一位小数）
	四舍六进	12.34→12.3　6.21→6.2　13.26→13.3
	五后非零则进一	1.2501→1.3
五后皆零凑偶尾	五前奇数五进一	1.1500→1.2
五后皆零凑偶尾	五前偶数五舍法（0 视为偶数）	6.2500→6.2　6.0500→6.0
	需舍数字若干位，必须一次修约成	5.3456→5.3（正确） 5.3456→5.346→5.35→5.4（错误）

任务实施

（1）测定鲜乳酸度时，进行了两个平行样的测定，并测定空白试样，记录了原始数据（表 1-10）。

（2）根据原始记录计算本鲜乳样品的酸度。

表 1-10　　×××农畜产品检测中心鲜乳酸度检测原始记录

<table>
<tr><td>检测依据</td><td colspan="3">GB/T 5009.5—2016</td><td>环境条件</td><td colspan="2">温度：23℃　相对湿度：50%</td></tr>
<tr><td>仪器名称</td><td colspan="6">滴定管、吸量管、锥形瓶等</td></tr>
<tr><td>氢氧化钠</td><td colspan="6">氢氧化钠标准溶液浓度（C）：0.1005mol/L</td></tr>
<tr><td rowspan="2">计算公式</td><td colspan="3" rowspan="2">$X=\frac{C\times(V_1-V_0)\times100}{m\times0.01}$</td><td>100</td><td colspan="2">换算系数</td></tr>
<tr><td>0.1</td><td colspan="2">酸度理论定义氢氧化钠的浓度（mol/L）</td></tr>
<tr><td>样品名称及其编号</td><td>试样消耗氢氧化钠标准溶液体积 V_1/mL</td><td>空白消耗氢氧化钠标准溶液体积 V_0/mL</td><td>样品质量 m/g</td><td>试样的酸度 X/°T</td><td>鲜乳酸度 X/°T（保留三位有效数字）</td><td>精密度/%</td></tr>
<tr><td>试样 1</td><td>9.17</td><td rowspan="2">0.02</td><td>10.021</td><td></td><td rowspan="2"></td><td rowspan="2"></td></tr>
<tr><td>试样 2</td><td>9.02</td><td>10.005</td><td></td></tr>
<tr><td>结果要求</td><td colspan="6">在重复性条件下获得的两次独立测定结果的绝对差值不得超过算数平均值的 10%</td></tr>
<tr><td>检测者</td><td colspan="2"></td><td>检测日期</td><td colspan="3">年　月　日</td></tr>
<tr><td>校核者</td><td colspan="2"></td><td>校核日期</td><td colspan="3">年　月　日</td></tr>
<tr><td>备注</td><td colspan="6"></td></tr>
</table>

任务评价

数据处理评价标准见表 1-11。

表 1-11　　数据处理评价表

评价内容	评价标准	分值	评价记录
填写数字	数字填写正确	10	
结果	代入公式正确，计算结果正确	30	
有效数字运算	根据要求，保留有效数字正确	30	
精密度	精密度符合要求	30	
合计			

课后巩固

(1) 分析结果的准确度是指测得值与真实值或者标准值之间相符合的程度，通常用（　　）大小来表示。

A. 测得值　　B. 误差
C. 真实值　　D. 标准值

(2) 分析仪器实际能测量到的数字是（　　）。

A. 误差　　B. 极差
C. 有效数字　　D. 无效数字

(3) 下列数字中属三位有效数字的是（　　）。

A. 滴定管量取溶液的体积为 5.40mL
B. 溶液的 pH 为 4.30
C. 分析天平称量试样的质量为 5.3200g
D. 移液管移取溶液 25.00mL

(4) 将 1245 修约为三位有效数字，正确的是（　　）。

A. 1240　　B. 1250
C. 1.24×10^3　　D. 1.25×10^3

(5) 质量分数大于 10%的分析结果，一般要求有（　　）有效数字。

A. 一位　　B. 两位
C. 三位　　D. 四位

(6) 由计算机算得 $(2.236\times1.1124)\div(1.036\times0.200)$ 的结果为 12.004471，按有效数字运算规则应得结果修约为（　　）。

A. 12　　B. 12.0
C. 12.00　　D. 12.004

(7) 多次测定结果之间相互接近的程度为（　　），以偏差表示。

(8) 绝对误差和相对误差有正负之分，正值表示测定的结果偏（　　），负值表示测定结果偏（　　）。

(9) 误差表示分析结果的（　　），偏差表示是分析结果的（　　）。

(10) 有一铜矿试样，经三次测定，铜含量为 24.8%，24.93%，24.69%，而铜的真实含量为 25.05%，求分析结果的绝对误差和相对误差。

(11) 原始记录表格的编制要求、填写要求有哪些？

(12) 在有效数字的运算中，既有加减、也有乘除，该怎么运算？

思政小课堂

课前预习，做有准备实验

西汉戴圣在《礼记·中庸》上说：“凡事豫则立，不豫则废”，意思是没有事先的计划和准备，就不能获得战争的胜利。《孙子兵法》云：“谋定而后动，知止而有得”，民间谚语引申为：“不打无准备之仗，方能立于不败之地”。打仗和做事需要做充足的准备，做分析实验也是如此。一个实验的开展往往需要耗费大量的人力、物力与时间成本，做好实验的顶层设计非常重要，因而要求同学们在实验前必须做好实验预习，从多个角度来考虑与设计这个实验的细节、需要用到的仪器与试剂，哪些步骤是先做的，哪些步骤是可以穿插来做的，可能出现的异常情况等。只有充分的实验预习与实验过程中保持细致与认真的态度，才能良好地完成实验。

项目二

食品物理检验方法

任务一 牛乳相对密度的测定

任务导入

牛乳中的水分含量在一定的范围内，如果牛乳中人为加入水，通过测定密度就可判断结果。现有一奶食加工厂，收购了一批牛乳，你作为该加工厂的检验人员，想要通过测定牛乳的相对密度判断是否加水，来评价这批牛乳的质量，你打算怎么做呢？

学习目标

❖ 知识目标

1. 了解关于相对密度的概念与基本知识。
2. 掌握牛乳相对密度的测定原理及检测方法。

❖ 能力目标

1. 会测定食品相对密度。
2. 能正确操作密度瓶。

❖ 素质目标

密度瓶为玻璃材质，属易碎物品，培养学生轻拿轻放、爱护实验仪器和设备的良好习惯。

相关知识

相对密度与物质的熔点和沸点一样，也是物理特性。由于这些物理特性的测定比较便捷，故它们是食品生产中常用的工艺控制指标，也是防止假冒伪劣食品进入市场的监控依据。通过测定液态食品的这些特性，可以指导生产过程、保证产品质量以及鉴别食品组成、确定食品浓度、判断食品的纯净程度及品质，是生产管理和市场管理不可缺少的方便而快捷的监测手段。

一、密度与相对密度

密度是指物质在一定温度下单位体积的质量，以符号 ρ 表示，其单位是 g/mL 或 g/cm^3。由于物质具有热胀冷缩的性质，密度会随温度的改变而改变，因此密度应标示出测定时物质的温度，表示为 ρ_t，如 ρ_{20}。

相对密度是指在某一温度下物质的质量与同体积某一温度下水的质量之比，以符号 $d_{t_2}^{t_1}$ 表示，其中 t_1 表示物质的温度，t_2 表示水的温度。

密度和相对密度两者之间的关系可用式（2-1）表示：

$$d = \frac{t_1\text{ 温度下物质的密度}}{t_2\text{ 温度下同体积水的密度}} \tag{2-1}$$

二、相对密度的测定

水在 4℃时的密度为 1.000g/cm^3，因此，物质在某温度下的 ρ_t 和物质在同一温度下对 4℃水的相对密度 d_4^t 在数值上相等。所以常用 d_4^{20} 来表示物质的相对密度，其数值与物质在 20℃时的密度 ρ_{20} 相等。

当测定液体的相对密度时，以测定溶液对同温度水的相对密度比较方便，即通常测定液体和水在 20℃时的相对密度，以 d_{20}^{20} 表示。因为水在 4℃时的密度比在 20℃时大，所以，对于同一溶液而言，$d_{20}^{20}>d_4^{20}$。d_{20}^{20} 和 d_4^{20} 之间可按式（2-2）换算

$$d_4^{20} = d_{20}^{20} \times 0.99823 \tag{2-2}$$

式中　0.99823——水在 20℃时的密度，g/cm^3。

同理，若要将 $d_{t_2}^{t_1}$ 换算为 $d_4^{t_1}$，可按式（2-3）计算：

$$d_4^{t_1} = d_{t_2}^{t_1} \times \rho_{t2} \tag{2-3}$$

式中　ρ_{t2}——温度 t_2 时水的密度，g/cm^3。

表 2-1 列出了不同温度下水的密度。

表 2-1　　水的密度和温度的关系

t/℃	密度/(g/mL)	t/℃	密度/(g/mL)	t/℃	密度/(g/mL)
0	0.999 868	11	0.999 623	22	0.997 797
1	0.999 927	12	0.999 525	23	0.997 565
2	0.999 968	13	0.999 404	24	0.997 233
3	0.999 992	14	0.999 271	25	0.997 071
4	1.000 000	15	0.999 126	26	0.996 810
5	0.999 992	16	0.998 970	27	0.996 539
6	0.999 968	17	0.998 801	28	0.996 259
7	0.999 929	18	0.998 622	29	0.995 971
8	0.999 876	19	0.998 432	30	0.996 573
9	0.999 808	20	0.998 230	31	0.995 367
10	0.999 727	21	0.998 019	32	0.995 052

三、测定相对密度的意义

相对密度是物质的重要物理常数，各种液态食品均有一定的相对密度，当其成分及浓度发生改变时，其相对密度也随之改变。因此，通过测定液态食品的相对密度，可以检验食品的纯度和浓度。

当液态食品中的水分被完全蒸发，干燥至恒重时，所得到的剩余物称为干物质或固形物。液态食品的相对密度与其固形物含量具有一定的数学关系，因此测定液态食品的相对密度，可求出其固形物含量。

例如，正常牛乳 20℃时的相对密度为 1.028～1.032，掺水时相对密度降低，脱脂时乳的相对密度升高；正常新鲜鸡蛋的相对密度为 1.05～1.07，可食蛋的相对密度在 1.025 以上，劣质蛋相对密度在 1.025 以下，所以可借助相对密度的测定判断禽蛋的新鲜度；菜籽油的相对密度为 0.9090～0.9145，花生油的相对密度为 0.9110～0.9175，油脂的相对密度与其脂肪组成有密切关系，不饱和脂肪酸含量越高，脂肪酸不饱和程度越高，脂肪的相对密度越高；游离脂肪酸含量越高，相对密度越低；酸败的油脂相对密度升高。

在制糖工业中，以溶液的相对密度近似地测定溶液中可溶性固形物含量的方法，得到了普遍的应用。

此外，需要注意的是，当食品的相对密度异常时，可以肯定食品的质量有问题，当食品的相对密度正常时，并不能肯定食品的质量无问题，必须配合其他理化分析，才能确定食品的质量。

四、密度瓶法测定食品相对密度的原理

在20℃时分别测定充满同一密度瓶的水及试样的质量，由水的质量可确定密度瓶的容积即试样的体积，根据试样的质量及体积可计算试样的密度，试样密度与水密度比值为试样相对密度。

密度瓶的结构中有细小的支管标线，且为玻璃制品，易碎，所以在使用时，学生需轻拿轻放，养成爱护实验仪器的良好的习惯。

任务实施

密度瓶法测定牛乳相对密度的过程参照 GB 5009.2—2016《食品安全国家标准 食品相对密度的测定》。

一、材料准备

实验材料如表2-2所示。

表2-2　　实验材料

材料	备注
牛乳	送检样

二、仪器和设备准备

实验仪器和设备如表2-3所示。

表2-3　　实验仪器和设备

序号	名称	要求
1	密度瓶（图2-1）	—
2	恒温水浴锅	—
3	天平	感量为1mg

三、分析操作

取洁净、干燥、恒重、准确称量的密度瓶，装满牛乳后，置20℃水浴中浸

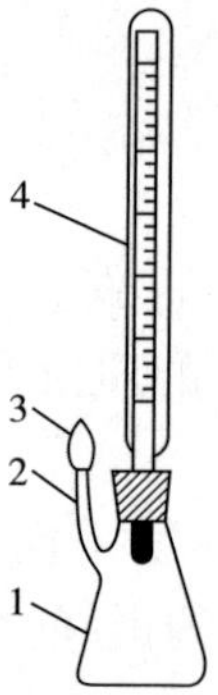

图 2-1　密度瓶

1—密度瓶　2—支管标线　3—支管上小帽　4—附温度计的瓶盖

0.5h，使内容物的温度达到 20℃，盖上瓶盖，并用细滤纸条吸去支管标线上的试样，盖好小帽后取出，用滤纸将密度瓶外擦干，置天平室内 0.5h，称量。再将试样倾出，洗净密度瓶，装满水，以下按上述“置 20℃水浴中浸 0.5h，使内容物的温度达到 20℃，盖上瓶盖，并用细滤纸条吸去支管标线上的试样，盖好小帽后取出，用滤纸将密度瓶外擦干，置天平室内 0.5h，称量”。密度瓶内不应有气泡，天平室内温度保持 20℃恒温条件，否则不应使用此方法。

四、结果计算

试样在 20℃时的相对密度按式（2-4）进行计算：

$$d = \frac{m_2 - m_0}{m_1 - m_0} \tag{2-4}$$

式中　d——试样在 20℃时的相对密度；

m_0——密度瓶的质量，g；

m_1——密度瓶加水的质量，g；

m_2——密度瓶加液体试样的质量，g。

计算结果表示到称量天平的精密度的有效数位（精确到 0.001）。

在重复性条件下获得的两次独立测定结果的绝对差值不得超过算术平均值的 5%。

五、数据记录

实验数据记录见表 2-4。

表 2-4 数据记录表格

<table>
<tr><td>样品编号</td><td colspan="2"></td><td>样品名称</td><td colspan="2"></td></tr>
<tr><td>收样日期</td><td colspan="2"></td><td>检验日期</td><td colspan="2"></td></tr>
<tr><td>样品状态</td><td colspan="2"></td><td>规格数量</td><td colspan="2"></td></tr>
<tr><td>样品批次</td><td colspan="2"></td><td>湿度</td><td></td><td>温度</td></tr>
<tr><td colspan="3">检验依据</td><td colspan="2">检验用仪器设备</td><td>检验方法</td></tr>
<tr><td colspan="3"></td><td colspan="2"></td><td></td></tr>
<tr><td rowspan="7">项目分类</td><td colspan="2">计算公式</td><td colspan="3"></td></tr>
<tr><td colspan="2">试验序号</td><td colspan="2">试验 1</td><td>试验 2</td></tr>
<tr><td colspan="2">密度瓶的质量/g</td><td colspan="2"></td><td></td></tr>
<tr><td colspan="2">密度瓶加水的质量/g</td><td colspan="2"></td><td></td></tr>
<tr><td colspan="2">密度瓶加液体试样的质量/g</td><td colspan="2"></td><td></td></tr>
<tr><td colspan="2">试样在 20℃时的相对密度</td><td colspan="2"></td><td></td></tr>
<tr><td colspan="2">精密度</td><td colspan="3"></td></tr>
</table>

任务评价

牛乳中相对密度测定评价标准见表 2-5。

表 2-5 牛乳中相对密度测定评价表

评价内容	评价标准	分值	评价记录
完成实验	按步骤顺利完成实验	30	
操作过程	正确恒重并称量密度瓶	20	
	正确称量密度瓶加牛乳的质量	10	
	正确称量密度瓶加水的质量	10	
	正确用细滤纸条吸去支管标线上的牛乳	10	
数据记录	正确记录数据、计算结果和精密度	20	
合计			

课后巩固

(1) 新鲜牛乳的相对密度一般为（　　）。

A. 1.025　　B. 1.034 以上　　C. 1.028~1.032　　D. 1.000

(2) 牛乳中掺水，相对密度会（　　）。

A. 下降　　B. 上升　　C. 不变　　D. 先上升后下降

(3) 密度瓶法测牛乳的相对密度所用的仪器为（　　）。

A. 密度瓶　　B. 韦氏密度天平　　C. 乳稠计　　D. 温度计

(4) 测定牛乳的相对密度与温度没有关系。（　　）

(5) 通过测定牛乳的相对密度可以判断牛乳是否人为掺水。（　　）

(6) 密度瓶法测定牛乳相对密度需要多少毫升牛乳？

(7) 密度瓶如何干燥称重？

(8) 简述相对密度的概念。

(9) 密度瓶法不适用于何种试样密度的测定？

任务二　糖水罐头折射率的测定

任务导入

消费者购买了一个某品牌的糖水梨罐头，食用后，发现酸度很大而甜度不够，进行了投诉，质量监督管理部门随机抽查本品牌的糖水梨罐头并送到检测中心，你作为实验员，打算怎么测定它的糖分呢？

学习目标

❖ 知识目标

1. 了解食品折射率的测定原理及检测方法。
2. 掌握折射率的概念与基本知识。

❖ 能力目标

1. 会测定食品的折射率。
2. 能正确操作折射仪。

❖ 素质目标

1. 根据试验中折射仪使用和维护，培养学生爱护实验仪器和设备的意识。

2. 讲解光的折射原理时，由原理联系实际，使学生参悟透过现象看本质的哲学观。

相关知识

一、光的折射与折射率

光线从一种介质射到另一种介质时，除了一部分光线返回第一介质外，另一部分进入第二介质并改变它的传播方向，这种现象称为光的折射。

根据光的折射定律，入射角的正弦与折射角的正弦之比，恒等于光在两种介质中的传播速度之比，即：

$$\frac{\sin\alpha_1}{\sin\alpha_2} = \frac{\nu_1}{\nu_2} \tag{2-5}$$

式中 ν_1——光在第一介质中的传播速度；

ν_2——光在第二介质中的传播速度；

α_1——入射角；

α_2——折射角。

光在真空中的传播速度 c 和在介质中的传播速度 v 之比，称为介质的绝对折射率，以 n 表示，即：

$$n = \frac{c}{\nu} \tag{2-6}$$

显然 $n_1 = \frac{c}{v_1}$，$n_2 = \frac{c}{v_2}$。n_1 和 n_2 分别为第一介质和第二介质的绝对折射率，所以折射定律可表示为：

$$\frac{\sin\alpha_1}{\sin\alpha_2} = \frac{n_2}{n_1} \tag{2-7}$$

在实际应用中，可将光线从空气中射入某物质的折射率称为绝对折射率。

二、折射率与溶液浓度的关系

折射仪是利用进光棱镜和折射棱镜夹着薄薄的一层溶液，经过光的折射后，测出溶液的折射率而得到溶液浓度的。

图 2-2 中 MM'线的上部为光疏介质，下部为光密介质。根据光的折射定律，当光线从光疏介质进入光密介质（如从溶液射入棱镜中）时，因 $n_1<n_2$，折射角恒小于入射角，即折射线比入射线靠近法线。反之，当光线从光密介质进入光疏介质（如从棱镜射入溶液）时（图 2-2），因 $n_1>n_2$，折射角恒大于入射角（$\alpha_1>\alpha_2$），即折射线比入射线偏离法线。在后一种情况下，如逐渐增大入射角 α_2，折射线会进一步偏离法线，当入射角增大到某一角度时，其折射线会沿两介质的交界面平行射出（4′线），不再进入光疏介质，这种现象称为光的全反射，此时的入射角称为临界角，以 $\alpha_{临}$ 表示，入射线为临界线。发生全反射时，若光线从光疏介质射向光密介质，则所有的入射光（1′、2′、3′线）全部折射在临界角以内（1、2、3 线），临界角以外无光线，结果临界线（4 线）左边明亮，右边完全黑暗，形成明显的黑白分界。利用这一原理，通过实验可测出临界角 $\alpha_{临}$。因为发生全反射时折射角等于 90°，所以：$n_1 = n_2\sin\alpha_{临}$。其中的 n_2 是折射仪棱镜的折射率，是已知的，而临界角 $\alpha_{临}$ 则随溶液浓度的大小而改变，可从棱镜的旋转角度读出，因此，只要测得了 $\alpha_{临}$，就可求出 n_1。

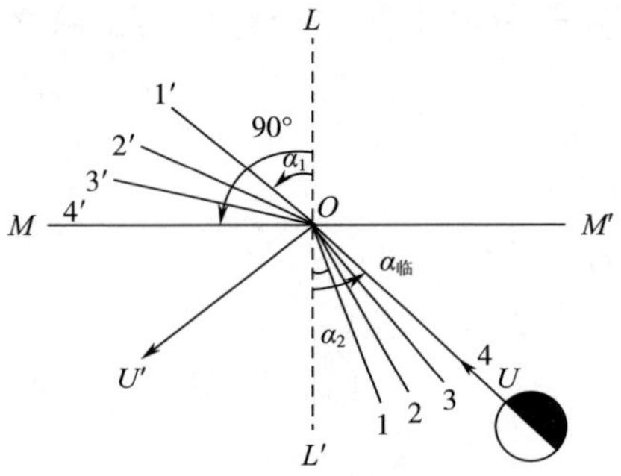

图 2-2 光的全反射

MM′—界面 *LL′*—法线 *U*—临界线 U′—反射线

溶液的折射率与相对密度一样，随着浓度的增大而递增。折射率的大小取决于物质的性质，即不同的物质有不同的折射率；对于同一种物质，其折射率的大小取决于该物质溶液浓度的大小。

三、测定折射率的意义

折射率是物质的一种物理性质。它是食品生产中常用的工艺控制指标。

1. 可以鉴别食品的组成

折射率广泛应用于油脂工业中。各种油脂具有一定的脂肪酸构成，每种脂肪酸均有其特定的折射率。含碳原子数目相同时不饱和脂肪酸的折射率比饱和脂肪酸的折射率大得多；不饱和脂肪酸相对分子质量越大，折射率也越大；酸度高的油脂折射率低。因此测定折射率可以鉴别油脂的组成和品质。

2. 可确定食品的质量浓度或固形物含量

蔗糖溶液的折射率随浓度增大而升高。通过测定折射率可以确定糖液的浓度及饮料、糖水罐头等食品的糖度，还可以测定以糖为主要成分的蜂蜜、果汁等食品可溶性固形物的含量。

必须指出的是：对于含有不溶性固形物的食品如果泥、果酱等，不能用折光法直接测得总固形物，因为固体粒子不能在折射仪上反映出折射率。但对于番茄酱等个别食品，已通过实验编制了总固形物与可溶性固形物关系表。先用折光法测定可溶性固形物含量，即可查出总固形物的含量。

3. 可判断食品的纯净程度及品质

正常情况下，某些液态食品的折射率有一定的范围。当这些液态食品因掺杂、浓度改变或品种改变等原因而引起食品的品质发生变化时，折射率常常会发生变化。所以测定折射率可以初步判断某些食品是否正常。如用折射仪测定牛乳中乳糖的含量从而获得其折射率。正常牛乳乳清的折射率在 1. 34199~1. 34275，若牛乳掺水，乳糖含量减小，其折射率也会降低，故可通过测定牛乳乳清的折射率，判断牛乳是否掺水。

四、影响折射率测定的因素

同一物质的折射率随入射光波长和测定温度的不同而异。一般地，折射率随着入射光的波长降低而升高，随温度升高而降低。

测定时光源通常为白光。当白光经过棱镜和样液发生折射时，因各色光的波长不同，折射程度也不同，折射后分解成为多种色光，这种现象称为色散。光的色散会使视野明暗分界线不清，产生测定误差。为了消除色散，在阿贝折射仪观测镜筒的下端安装了色散补偿器。

折射仪上的刻度是在标准温度 20℃下刻制的，所以最好在 20℃下测定折射率，否则，应对测定结果进行温度校正。超过 20℃时，加上校正数；低于 20℃时，减去校正数。

因此，在折射率表示中要注明测定时的温度和波长。

五、常用折射仪

折射仪是利用光的全反射原理测出临界角而得到物质折射率的仪器。比较先进的是数字折射仪和自动温度补偿型手提折射仪。数字折射仪是采用光传感器进行自动浓度测量，并通过内置的微信息处理器对温度误差进行自动校正，测量准确度高达±0.2%；自动温度补偿型手提折射仪则是通过内置的机构进行温度补偿。我国食品工业中最常用的是手持式折射仪和阿贝折射仪，测定结果须进行温度校正。

1. 手持式折射仪

手持式折射仪如图 2-3 所示。

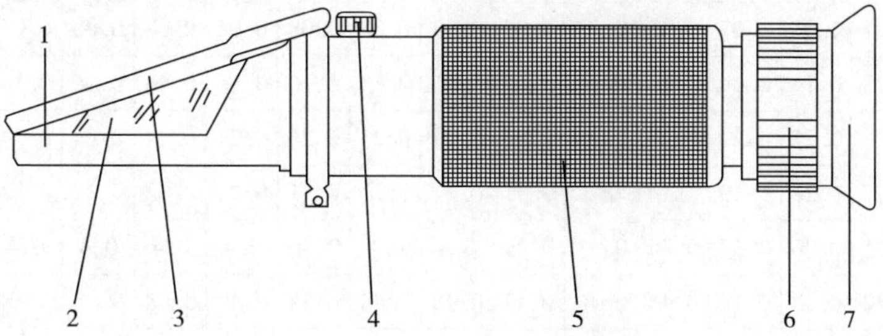

图 2-3　手持式折射仪

1—棱镜座　2—检测棱镜　3—盖板　4—调节螺丝　5—镜筒和手柄　6—视度调节手轮　7—目镜

手持式折射仪由一个棱镜、一个盖板及一个观测镜筒组成，利用反射光测定。

其光学原理与阿贝折射仪相同。该仪器操作简单，便于携带，常用于生产现场检验。

(1) 使用方法　打开盖板，用软布仔细擦净检测棱镜。取待测溶液数滴，置于检测棱镜上，轻轻合上盖板，避免气泡产生，使溶液遍布棱镜表面。将仪器进光板对准光源或明亮处，眼睛通过目镜观察视场，转动视度调节手轮，使视场的蓝白分界线清晰。分界线的刻度值即为溶液的浓度。

(2) 校正和温度修正　在20℃环境下，仪器在测量前需要校正。取标准液一滴，涂抹在蓝色检测棱镜上，然后把标准玻璃块亮面盖在上面，拧动零位调节螺丝，使分界线调至刻度78.8%位置。擦净检测棱镜后，可以进行检测。

如果测量时温度高于或低于20℃，利用温度修正表（表2-6），在环境温度下读得的数值加（或减）温度修正值，获得准确数值。

表2-6　　折射仪读数的温度修正表

温度/℃	浓度/%															备注
	0	5	10	15	20	25	30	35	40	45	50	55	60	65	70	
10	0.5	0.54	0.58	0.61	0.64	0.66	0.68	0.7	0.72	0.73	0.74	0.75	0.76	0.78	0.79	
11	0.46	0.46	0.53	0.55	0.58	0.6	0.62	0.64	0.65	0.66	0.67	0.68	0.69	0.7	0.71	
12	0.42	0.45	0.48	0.5	0.52	0.54	0.56	0.57	0.58	0.59	0.6	0.61	0.61	0.63	0.63	
13	0.37	0.4	0.42	0.44	0.46	0.48	0.49	0.5	0.51	0.52	0.53	0.54	0.54	0.55	0.55	
14	0.33	0.35	0.37	0.39	0.4	0.41	0.42	0.43	0.44	0.45	0.45	0.46	0.46	0.47	0.48	减在读书上
15	0.27	0.29	0.31	0.33	0.34	0.34	0.35	0.36	0.37	0.37	0.38	0.39	0.39	0.4	0.4	
16	0.22	0.24	0.25	0.26	0.27	0.28	0.28	0.29	0.3	0.3	0.3	0.31	0.31	0.32	0.32	
17	0.17	0.18	0.19	0.2	0.21	0.21	0.21	0.22	0.22	0.23	0.23	0.23	0.23	0.24	0.24	
18	0.12	0.13	0.13	0.14	0.14	0.14	0.14	0.15	0.15	0.15	0.15	0.16	0.16	0.16	0.16	
19	0.06	0.06	0.06	0.07	0.07	0.07	0.7	0.8	0.8	0.8	0.8	0.8	0.8	0.8	0.8	
20	0	0	0	0	0	0	0	0	0	0	0	0	0	0	0	
21	0.06	0.07	0.07	0.07	0.07	0.08	0.08	0.08	0.08	0.08	0.08	0.08	0.08	0.08	0.08	
22	0.13	0.13	0.14	0.14	0.15	0.15	0.15	0.15	0.15	0.16	0.16	0.16	0.16	0.16	0.16	
23	0.19	0.2	0.21	0.22	0.22	0.23	0.23	0.23	0.23	0.24	0.24	0.24	0.24	0.24	0.24	
24	0.26	0.27	0.28	0.29	0.3	0.3	0.31	0.31	0.31	0.31	0.31	0.32	0.32	0.32	0.32	
25	0.33	0.35	0.36	0.37	0.38	0.38	0.39	0.4	0.4	0.4	0.4	0.4	0.4	0.4	0.4	加在读书上
26	0.4	0.42	0.43	0.44	0.45	0.46	0.47	0.48	0.48	0.48	0.48	0.48	0.48	0.48	0.48	
27	0.48	0.5	0.52	0.53	0.54	0.55	0.55	0.56	0.56	0.56	0.56	0.56	0.56	0.56	0.56	
28	0.56	0.57	0.6	0.61	0.62	0.63	0.63	0.64	0.64	0.64	0.64	0.64	0.64	0.64	0.64	
29	0.64	0.66	0.68	0.69	0.71	0.72	0.72	0.73	0.73	0.73	0.73	0.73	0.73	0.73	0.73	
30	0.72	0.74	0.77	0.78	0.79	0.8	0.8	0.81	0.81	0.81	0.81	0.81	0.81	0.81	0.81	

（3）注意事项和保存方法

①调零和测量必须在同一温度范围内。如果温度变化很大，需待 30min 后重新调节一次零点再测量。

②棱镜必须被迅速擦净，因为其上存留的不洁物质将使测量发生错误。

③使用完毕后，切勿用水冲洗仪器，以防潮气进入仪器内部。

④折射仪是一种很精密的光学仪器，必须轻拿轻放并妥善保管。不要用手触摸或用锐利物品刮擦光学零件表面，以防划伤。折射仪应放在干燥、清洁、无腐蚀性的环境中，以防发生霉变和产生雾状物。在运输过程中避免猛烈撞击。

学生正确使用和清洁折射仪，可做到有效爱护仪器，使学生养成爱护实验仪器的好习惯。

2. 阿贝折射仪

阿贝折射仪的结构如图 2-4 所示。

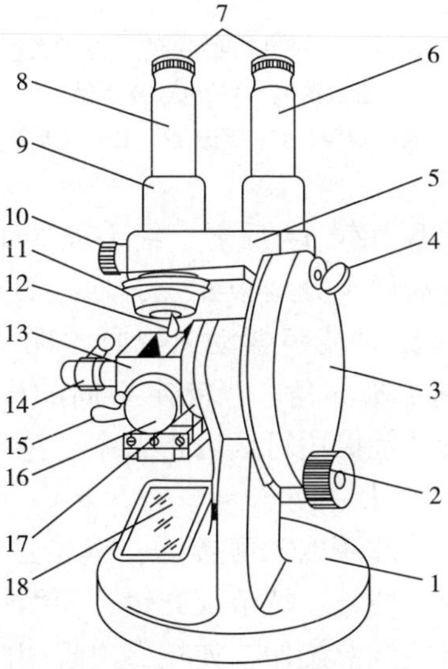

图 2-4　阿贝折射仪

1—底座　2—棱镜调节旋钮　3—圆盘组（内有刻度板）　4—小反光镜　5—支架　6—读数镜筒　7—目镜　8—观测镜筒　9—分界线调节旋钮　10—消色调节旋钮　11—色散刻度尺　12—棱镜锁紧扳手　13—棱镜组　14—温度计插座　15—恒温器接头　16—金属保护罩　17—主轴　18—反光镜

（1）阿贝折射仪光学系统组成

阿贝折射仪光学系统由观测系统和读数系统组成，如图 2-5 所示。

①观测系统：光线由反光镜 1 反射，经进光棱镜 2、折射棱镜 3 及其间的被测样液薄层折射后射出。再经色散补偿器 4 消除由折射棱镜及被测样液所产生的色散，然后由物镜 5 将明暗分界线成像于分划板 6 上，经目镜 7、8 放大后成像于观测者眼中。

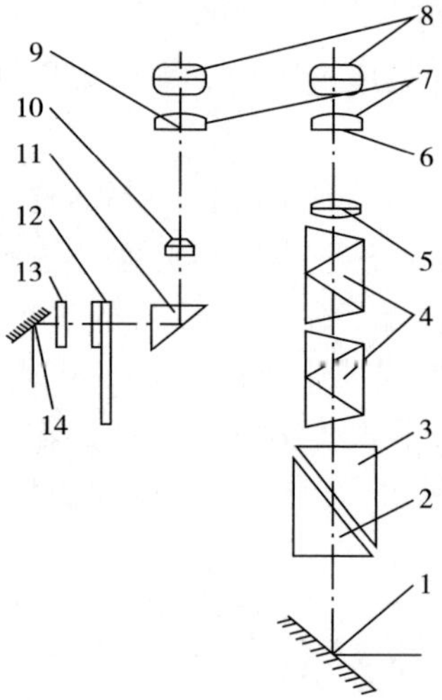

图 2-5　阿贝折射仪的光学系统

1—反光镜　2—进光棱镜　3—折射棱镜　4—色散补偿器　5，10—物镜　6，9—分划板
7，8—目镜　11—转向棱镜　12—刻度盘　13—毛玻璃　14—小反光镜

②读数系统：光线由小反光镜 14 反射，经毛玻璃 13 射到刻度盘 12 上，经转向棱镜 11 及物镜 10 将刻度成像于分划板 9 上，通过目镜 7、8 放大后成像于观测者眼中。当旋动棱镜调节旋钮时棱镜摆动，视野内明暗分界线通过十字交叉点，表示光线从棱镜入射角达到了临界角。当测定不同的样液时，因折射率不同，故临界值的数值也不同，在读数镜筒中可读取折射率、糖液浓度或固形物含量。

（2）阿贝折射仪的使用方法

①分开两棱镜，以脱脂棉球蘸取乙醇擦净，挥干乙醇。滴 1~2 滴样液于下面棱镜的平面中央，迅速闭合两棱镜，调节反光镜，使两镜筒内视野最亮。

②由目镜观察，转动棱镜调节旋钮，使视野出现明暗两部分。

③转动色散补偿器旋钮，使视野中只有黑白两色。

④转动棱镜调节旋钮，使明暗分界线在十字线交叉点上。

⑤从读数镜筒中读取折射率或锤度。

⑥测定样液的温度。

⑦打开棱镜，用蒸馏水、乙醇或乙醚擦净棱镜表面及其他各机件。

任务实施

一、材料准备

实验材料如表 2-7 所示。

表 2-7　实验材料

材料	备注
糖水梨罐头	送检样

二、仪器和设备准备

实验仪器和设备如表 2-8 所示。

表 2-8　实验仪器和设备

仪器	要求	备注
手持式折射仪		

三、分析操作

打开盖板，用软布仔细擦净检测棱镜，取待测溶液数滴，置于检测棱镜上，轻轻合上盖板，避免气泡产生，使溶液遍布棱镜表面。将仪器进光板对准光源或明亮处，眼睛通过目镜观察视场，转动视度调节手轮，使视场的蓝白分界线清晰。分界线的刻度值即为溶液的浓度。

任务评价

糖水梨罐头折射率的测定评价标准见表 2-9。

表 2-9　糖水梨罐头折射率的测定评价表

评价内容	评价标准	分值	评价记录
样品处理	正确选取检测样品	10	
	将检测样品正确放置于折射仪上	20	
仪器使用	正确使用折射仪	40	
	正确读取折射仪读数	20	
结果	正确上报结果	10	
合计			

课后巩固

(1) 我国食品工业中最常用的是阿贝折射仪和手持式折射仪，测定结果需进行（　　）校正。

A. 波长　　B. 温度　　C. 湿度　　D. 浓度

(2) 溶液的折射率随温度的变化而变化，温度升高折射率（　　）。

A. 减小　　B. 增大　　C. 先增大后减小　　D. 先减小后增大

(3) 阿贝折射仪的光学系统由观测系统和（　　）两部分组成。

A. 底座　　B. 反光镜　　C. 观测镜筒　　D. 读数系统

(4) 手持式折射仪由一个棱镜、一个盖板及一个观测镜筒组成，利用（　　）测定。

A. 透射光　　B. 折射光　　C. 反射光　　D. 以上均错

(5) 折射仪上的刻度是在标准温度25℃时刻制的。(　　)

(6) 测定时光源通常为白光。(　　)

(7) 对于同一种物质，其折射率的大小取决于该物质溶液温度的大小。(　　)

(8) 蔗糖溶液的折射率随浓度增大而升高。(　　)

(9) 阿贝折射仪测定折射率的原理是什么？

(10) 影响折射率测定数值的因素有哪些？

(11) 测定折射率时，滴加样品量过少将会产生什么后果？

(12) 你认为通过测定折射率能判定出油脂的质量吗？为什么？

思政小课堂

了解事物的形式更应把握事物的本质

光的折射原理，应用到生活中，有近视镜、老花镜、照相机、幻灯机、海市蜃楼现象等，从这点上说，光的折射原理是内容，是本质，生活实际应用是形式，是现象。内容与形式是联系和发展的，内容是内在表现，形式是外在表面。内容可以不变，但形式可以多样。同一内容也可表现为多种不同的形式。复杂的问题后面都隐藏着相同的本质，要透过现象看本质。当前，面对世界百年未有之大变局，以习近平同志为核心的党中央，洞察我国发展环境面临的深刻复杂变化，作出我国发展仍然处于重要战略机遇期，我们正处于大有可为的新时代的重要论断，为广大党员矢志奋斗鼓足了劲、加满了油。实践表明，只有善于透过现象看本质，才能科学认识事物的客观规律，准确把握时代的发展大势，从而正确地指导实践。

任务三　白砂糖中蔗糖分的测定

任务导入

白砂糖的主要成分为结晶体的蔗糖，纯度一般在99.5%以上，具有纯正的蔗糖甜味，GB/T 317—2018《白砂糖》中规定了白砂糖中蔗糖分的标准。如果你是一名检测人员，想要通过测定蔗糖分判断其是否符合标准，从而评价这批糖的质量，你应该在实验过程中注意哪些关键点，保证实验结果的准确性？

学习目标

❖ 知识目标

1. 掌握白砂糖中蔗糖分测定的步骤。
2. 掌握旋光仪的适用方法。

❖ 能力目标

1. 能正确使用旋光仪。
2. 能熟练完成蔗糖分的测定。

❖ 素质目标

通过试验中旋光仪的使用和维护，培养学生保护实验仪器和设备的良好习惯。

相关知识

一、蔗糖的概述

蔗糖，是食糖的主要成分，是双糖的一种，由一分子葡萄糖的半缩醛羟基与一分子果糖的半缩醛羟基彼此缩合脱水而成。蔗糖有甜味，无气味；易溶于水和甘油，微溶于醇；有旋光性，但无变旋光作用。蔗糖普遍存在于植物界的叶、花、茎、种子及果实中。在甘蔗、甜菜及槭树汁中含量尤为丰富。蔗糖味甜，是重要的食品和甜味调味品。蔗糖分为白砂糖、赤砂糖、绵白糖、冰糖、粗糖(黄糖)。

1. 物理性质

蔗糖极易溶于水，其溶解度随温度的升高而增大，溶于水后不导电。蔗糖还易溶于苯胺、氮苯、乙酸乙酯、乙酸戊酯、熔化的酚、液态氨、酒精与水的混合物及丙酮与水的混合物，但不能溶于汽油、石油、无水乙醇、三氯甲烷、四氯化碳、二硫化碳和松节油等有机溶剂。蔗糖属结晶性物质，纯蔗糖晶体的相对密度为1.5879，蔗糖溶液的相对密度依浓度和温度的不同而异。蔗糖的比旋度为+66.3°~+67.0°。

2. 化学性质

蔗糖及蔗糖溶液在热、酸、碱、酵母等的作用下，会产生不同的化学反应。反应的结果不仅直接造成蔗糖的损失，而且还会生成一些对制糖有害的物质。

二、旋光度法测定糖中蔗糖分的原理

在规定条件下，采用国际糖度标尺刻制读数为 100°Z 的检糖计，测定规定量糖样品的水溶液的旋光度。

规定量纯蔗糖溶液［在标准大气压状态下，在空气中用黄铜砝码称取 26.0000g 纯蔗糖（在真空中为 26.0160g），在 20.00℃时溶解成体积为 100.000mL 的糖溶液］，用 $\lambda = 546.2271$nm 波长的光（真空 ^{198}Hg 的绿色偏振光），在温度为 20.00℃时，用 200.00mm 旋光观测管，所测得的光学旋光度，规定为糖度标尺的 100 度点。根据样品溶液的旋光度读数，计算出蔗糖分。

三、旋光仪的介绍

旋光仪（Polarimeter）是测定旋光性物质旋光度的仪器。通过对样品旋光度的测量，可以分析确定物质的浓度、含量及纯度等。自然光通过起偏镜后产生平面偏振光，如果旋光观测管中盛装的为旋光性物质，当偏振光通过该物质溶液时，偏振光的角度会向左或向右旋转一定角度，这时，为了让旋转一定角度后的偏振光能通过检偏镜光栅，必须将检偏镜旋转一定角度，在目镜处才能看到明亮。这个旋转的角度就是该待测物质溶液的旋光度。

旋光仪广泛应用于制药、药检、制糖、食品、香料、味精以及化工、石油等工业生产、科研、教学部门，用于化验分析或过程质量控制。

四、旋光仪操作规程（以 SGW-2 自动旋光仪为例）

1. 开机

点击仪器后面的开关键开机。

2. 设置参数

在仪器屏幕上选择测量模式，设置所需温度（温度控制切换到打开），输入旋光观测管长度和测量次数。

3. 校正仪器

需要时用 100g/L 的蔗糖溶液校正仪器，读取测定值。

4. 样品测定

点击仪器右下角的“清零键”归零，往旋光观测管里倒所测定样品，用擦镜纸擦干旋光观测管放到仪器测定槽里，合上盖子，待 α 值显示稳定后从仪器屏幕上直接读取 α_1、α_2、α_3 测定值。

测定完成后取出旋光观测管，温度控制切换到关闭。

5. 关机

点击仪器后面的开关键关机，断电。

五、旋光仪使用注意事项及维护

（1）测定前应将仪器及样品置于（20±0.5）℃的恒温室中，也可用恒温水浴保持样品室或样品测试管恒温 1h 以上，特别是对一些温度影响大的旋光性物质，尤为重要。

（2）未开电源以前，应检查样品室内有无异物，钠光灯源开关是否在规定位置，示数开关是否在关的位置，仪器放置位置是否合适，钠光灯启辉后，仪器不要再搬动。

（3）开启钠光灯后，正常起辉时间至少 20min，发光才能稳定，测定时钠光灯尽量采用直流供电，使光亮稳定。如有极性开关，应经常于关机后改变极性，以延长钠光灯的使用寿命。

（4）测定前，仪器调零时，必须重复按动复测开关，使检偏镜分别向左或向右偏离光学零位。通过观察左右复测点，可以检查仪器的重复性和稳定性。如误差超过规定，仪器应维修后再使用。

（5）将装有蒸馏水或空白溶剂的测定管，放入样品室，测定管中若混有气泡，应先使气泡浮于凸颈处，两端的玻璃应用软布擦干。测定时应尽量固定测定管放置的位置及方向，做好标记，以减少测定管及盖玻片应力的误差。

（6）同一旋光性物质，用不同溶剂或在不同 pH 测定时，由于缔合、溶剂化和解离的情况不同，而使比旋度产生变化，甚至改变旋光方向，因此必须使用规定的溶剂。

（7）浑浊或含有小颗粒的溶液不能测定，必须先将溶液离心或过滤，弃去初滤液测定。有些见光后旋光度改变很大的物质溶液，必须注意避光操作。有些放置时间对旋光度影响较大的，也必须在规定时间内测定读数。

（8）测定空白零点或测定供试液停点时，均应读取读数三次，取平均值。严格的测定，应在每次测定前，用空白溶剂校正零点，测定后，再用试剂核对零点有无变化，如发现零点变化很大，则应重新测定。

（9）测定结束时，应将测定管洗净晾干放回原处。仪器应避免灰尘，放置于干燥处，样品室内可放少许干燥剂防潮。

任务实施

此过程参照 GB/T 35887—2018《白砂糖试验方法》。

GB/T 601—2016
《化学试剂
标准滴定溶液的制备》

一、试剂准备

实验试剂如表 2-10 所示。

表 2-10　**实验试剂**

序号	试剂	试剂浓度	试剂配制	备注
1	水	—	—	GB/T 6682—2008 规定的三级水
2	乙醚	—	—	分析纯
3	乙醇	—	—	分析纯
4	硫酸	0.0500mol/L	参照 GB/T 601—2016	分析纯
5	硼酸	20g/L	称取 20g 硼酸，加水溶解后并稀释至 1000mL	分析纯

二、仪器和设备准备

实验仪器和设备如表 2-11 所示。

表 2-11　**实验仪器和设备**

序号	名称	要求
1	天平	感量为 0.1mg
2	自动旋光仪	—
3	旋光观测管	（200.00±0.02）mm
4	容量瓶	100mL

三、分析操作

1. 配制溶液

称取白砂糖（26.000±0.002）g（精确到 1mg）于干燥洁净的小烧杯中，加蒸馏水 40~50mL，使其完全溶解，转移到 100mL 容量瓶中，加蒸馏水至容量瓶刻度附近，放置 10min 以上使达到室温，然后加蒸馏水至容量瓶刻度下 1mm 处。有气泡时，可用乙醚或乙醇消除，加蒸馏水至刻度，充分摇匀。若发现溶液浑浊，用滤纸过滤，漏斗上应加盖表面玻璃，将最初的 10mL 滤液弃去，收集滤液 50~60mL。

2. 测定旋光度

用待测的溶液将旋光观测管至少冲洗 2 次，装满旋光观测管，注意旋光观测管不应夹带气泡。将旋光观测管置于旋光仪中，测定 5 次。

四、结果计算

测定旋光度时环境及糖液的温度尽可能接近 20℃，应在 15~20℃ 内。若旋光度不是在（20.0±0.2）℃时测定的，则应校正到 20.0℃。

糖液中的蔗糖分按式（2-8）计算：

$$P = P_t[1 + 0.00019 \times (t - 20)] \quad (2-8)$$

式中　P——蔗糖分，g/100g；

P_t——观测旋光度读数，°Z；

t——观测 P_t 时糖液温度，℃。

在重复性条件下获得的两次独立测定结果的绝对差值不得超过算术平均值的 0.05%。

五、数据记录

实验数据记录见表 2-12。

表 2-12　　数据记录表格

<table>
<tr><td>样品编号</td><td colspan="2"></td><td colspan="2">样品名称</td><td colspan="2"></td></tr>
<tr><td>收样日期</td><td colspan="2"></td><td colspan="2">检验日期</td><td colspan="2"></td></tr>
<tr><td>样品状态</td><td colspan="2"></td><td colspan="2">规格数量</td><td colspan="2"></td></tr>
<tr><td>样品批次</td><td colspan="2"></td><td>湿度</td><td></td><td>温度</td><td></td></tr>
<tr><td colspan="3">检验依据</td><td colspan="2">检验用仪器设备</td><td colspan="2">检验方法</td></tr>
<tr><td colspan="3"></td><td colspan="2"></td><td colspan="2"></td></tr>
<tr><td rowspan="6">项目分类</td><td colspan="2">计算公式</td><td colspan="4"></td></tr>
<tr><td colspan="2">试验序号</td><td colspan="2">试验 1</td><td colspan="2">试验 2</td></tr>
<tr><td colspan="2">旋光度读数/°Z</td><td colspan="2"></td><td colspan="2"></td></tr>
<tr><td colspan="2">观测 P_t 时糖液温度/℃</td><td colspan="2"></td><td colspan="2"></td></tr>
<tr><td colspan="2">蔗糖分/（g/100g）</td><td colspan="2"></td><td colspan="2"></td></tr>
<tr><td colspan="2">精密度</td><td colspan="4"></td></tr>
</table>

任务评价

白砂糖中蔗糖分的测定评价标准见表 2-13。

表 2-13　　白砂糖中蔗糖分的测定评价表

评价内容	评价标准	分值	评价记录
样品处理	样品处理	10	
操作过程	正确使用旋光仪	40	
	按步骤规范完成实验	40	

续表

评价内容	评价标准	分值	评价记录
结果上报	正确上报结果	10	
合计			

课后巩固

(1) 旋光仪是测定（　　）物质旋光度的仪器。通过对样品（　　）的测量，可以分析确定物质的浓度、含量及纯度等。

(2) GB/T 5750.6—2023 中 GB/T 是指（　　）。

A. 强制性国家标准　　B. 推荐性国家标准

C. 推荐性石油和化学工业联合会标准　　D. 强制性石油和化学工业联合会标准

(3) 精密称取基准物质 12mg，应选取（　　）的天平。

A. 千分之一　　B. 万分之一

C. 十万分之一　　D. 百万分之一

(4) 下述哪一条不属于原始记录的内容（　　）。

A. 需要填写检验的时间、温度、湿度

B. 需要填写检验中所使用的标准溶液的浓度

C. 需要填写检验中使用的仪器和器具

D. 需要本单位领导签名盖章

(5) 以下用于产品检验的器具属于国家市场监督管理总局计量司发布的强制检定的工作计量器具（　　）。

A. 量筒、天平　　B. 台秤、密度计

C. 烧杯、砝码　　D. 温度计、量杯

(6) 用过的极易挥发的有机溶剂，应（　　）。

A. 倒入密封的下水道　　B. 用水稀释后保存

C. 倒入回收瓶中　　D. 放在通风橱保存

(7) 有危险品的库房中，应准备消防器材，爆炸品储存的温度不超过 30℃。（　　）

(8) 数字 0.0758 具有 3 位有效数字。（　　）

(9) 准确度又称精密度，表示测定结果与真值符合程度。（　　）

(10) 误差产生的原因包括系统误差和偶然误差。（　　）

(11) 简述旋光度法测定蔗糖分原理。

(12) 依据食品检验员职业道德规范，当发现白砂糖中蔗糖分含量低于 GB/T 317—2018《白砂糖》标准要求时，你会怎么做？

(13) 在检测过程中，如果你发现旋光观测管内的前后气泡大小不一致，你打算怎么办？

知识拓展

任务四 啤酒浊度的测定

任务导入

啤酒种类丰富、清凉、爽口、深受消费者的喜爱。新生产的一批啤酒送到检测中心，你作为一名检验员，想要通过测定浊度判断这些啤酒质量好坏，你打算怎么做呢？

学习目标

❖ 知识目标

1. 了解浊度的概念和测定的意义。
2. 熟悉浊度计的构造和原理。

❖ 能力目标

1. 能独立校正浊度计。
2. 能正确使用浊度计测量样品并正确保留有效数字。

❖ 素质目标

根据实验中浊度计的使用和维护，培养学生爱护仪器的良好习惯。

相关知识

一、啤酒中浊度的概述

浊度以EBC浊度单位表示啤酒透明度的外观指标。好啤酒的浊度很低，在0.5 EBC单位以下；差的啤酒可产生失光，甚至混浊，浊度数值较高。引起酒液混浊的原因有两方面，一是菌落总数超标引起的生物性混浊，这种酒已不能饮用；二是由于啤酒在储存过程中，酒的蛋白质、多酚等物质遇冷或氧化产生的混浊，冷混浊在啤酒恢复到室温后可自行消失，这种混浊并不影响饮用。因此，建议消费者不要将酒冷藏的温度设置得过低，一般在10~15℃即可。

啤酒浊度的高低不仅是衡量啤酒品质好坏的重要指标，也是啤酒厂管理、技术、设备能力高低的综合体现。清亮透明的啤酒总是给人一种愉快的感觉，对于消费者来说啤酒好坏最直观的就是啤酒浊度，因此降低啤酒浊度、延长啤酒保质期对啤酒生产来说很重要，尤其是啤酒消费周期偏长的淡季至关重要。

二、浊度计测定啤酒中浊度的原理

利用富尔马肼（Formazin）标准浊度溶液校正浊度计，直接测定啤酒样品的浊度，以 EBC 浊度单位表示，也可用 NYV 表示浊度单位，1EBC=4NYV。

三、浊度计的介绍

1. 开机前检查

仪器应放置在稳固的桌面上。检查浊液计应完好，检测瓶清洁、完好。插好电源，按下仪器后面 I/O 键启动浊液计。

2. 浊度校准

将标有 20.00NTU、200.00NTU、1000.00NTU 标样摇晃 2~3min 后静置 5min。分别将上述标准液倒入测试瓶，并将测试瓶外壁彻底清洁、干燥。按 CAL/Zero 键，CAL 模式指示灯亮。将标有<0.1NTU 的标样倒入测试瓶，擦拭干净后放入测试瓶架中并盖上测试瓶盖。按下 ENTER 键。显示屏显示 20.00NTU 时，从测试瓶架中取出测试瓶。依次将标有 20.00NTU、200.00NTU、1000.00NTU 的标样依照上述方法进行校准。按下 CAL/Zero。仪器将根据新的校准数据进行校准，保存新的校准值并返回到测试状态。

3. 浊度检测操作

将待测水样加入测试瓶至刻液线（约 30mL）。操作时小心拿住测试瓶的上部。将测试瓶盖上盖子，然后捏住测试瓶的盖子，从上至下擦干净测试瓶壁上的水和手指印。将测试瓶放入仪器的测试瓶盒中，并盖上测试瓶盖。按 SIGNAL AVG 键（信号平均模式），选择合适的信号平均模式设置（开或关）。信号平均模式开启时，仪器将对最近十次测量值进行平均。当浊度低于 40NTU 时，按 RATIO 键，当转换系数功能处于开启状态时，该指示灯亮。当转换系数处于关闭状态而指示灯闪烁时，表明测试值超过了 40NTU。按 UNITS/EXIT 键，将测量单位选择为 NTU，读取并记录结果。

4. 样品稀释

若检测浊度≥1000NTU 时，将样品稀释后再检测。稀释方法：取 50mL 样品倒入烧杯，取 450mL 清水（浊度<1NTU）倒入上述烧杯中，混匀后进行取样检测，检测值乘 10 即为原样浊度；当检测值>1000NTU 时，再次稀释，取样检测，所测数值乘 100 即为原样浊度。检测完后，应取出检测瓶，将水倒尽，用清水冲洗干净，擦拭干净后放好。

5. 关机

测试完毕后，按下仪器后面 I/O 键关闭浊液仪。保持浊液仪的清洁。

任务实施

此过程参照 GB/T 4928—2008《啤酒分析方法》。

一、试剂准备

实验试剂如表 2-14 所示。

表 2-14　　实验试剂

序号	试剂	试剂浓度	备注
1	水	—	GB/T 6682—2008 规定的三级水
2	硫酸肼	10g/L	优级纯
3	六亚甲基四胺溶液	100g/L	优级纯

二、仪器和设备准备

实验仪器和设备如表 2-15 所示。

表 2-15　　实验仪器和设备

序号	名称	要求
1	浊度计	测量范围 0~5EBC
2	分析天平	感量为 0.1mg

三、分析操作

（1）试样处理：将恒温至 15~20℃ 的酒样约 300mL 倒入 1000mL 锥形瓶中，盖塞（橡皮塞），在恒温室内，轻轻摇动、开塞放气（开始有“砰砰”声），盖塞。反复操作，直至无气体逸出为止。

（2）将温度在（20±0.1）℃ 的试样倒入样品槽至刻度线，然后放入仪器测量室，盖上盖子，从仪表上直接读数（试样应在脱气后 5min 内测定完毕），所得结果表示至一位小数，平行实验测定值之差，不得超过 0.2EBC。

（3）或将整瓶酒放入仪器中，旋转一周，取其平均值。预先在瓶盖上划一个十字，手工旋转四个 90°读数，取四个读数的平均值报告其结果。

在重复性条件下获得的两次独立测定结果的绝对差值不得超过算术平均值的 10%。

四、数据记录

实验数据记录见表2-16。

表2-16　　数据记录表格

<table>
<tr><td>样品编号</td><td colspan="2"></td><td colspan="2">样品名称</td><td colspan="3"></td></tr>
<tr><td>收样日期</td><td colspan="2"></td><td colspan="2">检验日期</td><td colspan="3"></td></tr>
<tr><td>样品状态</td><td colspan="2"></td><td colspan="2">规格数量</td><td colspan="3"></td></tr>
<tr><td>样品批次</td><td colspan="3"></td><td>湿度</td><td></td><td>温度</td><td></td></tr>
<tr><td rowspan="5">项目分类</td><td colspan="3">检验依据</td><td colspan="2">检验用仪器设备</td><td colspan="2">检验方法</td></tr>
<tr><td colspan="3"></td><td colspan="2"></td><td colspan="2"></td></tr>
<tr><td colspan="3">试验序号</td><td colspan="2">试验1</td><td colspan="2">试验2</td></tr>
<tr><td colspan="3">检测结果（g/100g）</td><td colspan="2"></td><td colspan="2"></td></tr>
<tr><td colspan="3">精密度</td><td colspan="4"></td></tr>
</table>

任务评价

啤酒浊度的测定评价标准见表2-17。

表2-17　　啤酒浊度的测定评价表

评价内容	评价标准	分值	评价记录
样品处理	正确摇动，放气，判断无气泡	20	
浊度计的使用	正确倒入试样，放置仪器，读数	40	
操作过程	按步骤规范完成实验	20	
结果	上报结果	20	
合计			

课后巩固

(1) 浊度测定中，下列做法正确的是（　　）。

A. 排除样品中的气泡　　B. 不需要排除样品中的气泡

(2) 浊度计的样品瓶（　　）长时间放在测量池中。

A. 可以　　B. 不可以

(3) 浊度计校正前（　　）用零浊度水或者校正液冲洗。

A. 需要　　B. 不需要

(4) 浊度计测定原理是什么？怎样进行样品的处理？

(5) 如何减小一些能导致散射光的微小划痕？

(6) 作为浊度计的操作员，如果你发现测量过程中样品瓶中有气泡，你打算怎么办？

任务五 水的色度的测定

任务导入

水是生命之源泉，色度是对天然水或处理后的各种水进行颜色定量测定时的指标。我们在市面上常见到饮用水、纯净水、矿泉水等饮料，水质的好坏影响人们身体健康。你作为一名检验员，想要通过水的色度判断是否符合标准，进而评价一批纯净水的质量，你打算怎么做呢？

学习目标

❖ 知识目标

1. 掌握铂钴比色法测定水的色度的原理。
2. 掌握水的色度测定的流程。

❖ 能力目标

1. 能正确配制铂钴标准溶液。
2. 能正确使用 pH 计。

❖ 素质目标

1. 根据水的色度产生的原因，引导学生注重环保意识，安全第一。
2. 由水质检测仪发明案例的引入，树立学生勇于创新、敢于挑战的心态。

相关知识

一、水的颜色

纯水是无色透明的，当水体中含有水合金属（铁、锰、铜等）、腐殖质、泥炭、藻类和浮游生物等则表现出一定的颜色，即有一定的色度。色度是由于溶于水的腐殖质、有机物或无机物所造成的。另外，当水体受到工业废水的污染时也会呈现不同的颜色。水是生命之源，任何污染水源的行为都应该被杜绝。

水的颜色又可分为真色和表色。

真色是指水中无悬浮物质或经离心过滤后已除去色度后水样的颜色；表色是指原始水样不过滤、不离心的表观颜色。对于清洁的或浊度很低的水，这两种颜色相近，对着色很深的工业废水，在分析报告中需注明测定的是水样的真色还是表色。

二、水颜色的检测方法

测定水的颜色包括颜色和色度两部分。颜色采用定性描述的方法；色度则用定量的方法。

色度是指被测水样与特别制备的一组有色标准溶液的颜色比较值。洁净的天然水的色度一般在15~25度，自来水的色度多在5~10度。国家标准规定生活饮用水的色度不得大于15度，小型集中式供水和分散式供水时不得大于20度。

pH对色度有较大的影响，在测定色度的同时，应测量水样的pH。同时报告水的色度和pH。

三、铂钴比色法测定水色度的原理

用氯铂酸钾和氯化钴配制颜色标准溶液，与被测样品进行目视比较，以测定样品的颜色强度，即色度。样品的色度以与之相当的色度标准溶液的度值表示。

规定：每1L水中含1mg铂和0.5mg钴所具有的颜色作为一个色度单位，称为1度。

适用范围：天然和轻度污染水可用铂钴比色法测定色度。测量范围为5~10度，此法操作简便，色度稳定，标准比色系列保存适宜，可长时间使用，但其中所用的氯铂酸钾太贵，大量使用时不经济。也可用重铬酸钾代替氯铂酸钾，重铬酸钾便宜而且易保存，只是标准比色系列保存时间较短。

四、 pH计操作规程（以PHS—3C型精密pH计为例）

1. 电极的活化

第一次使用或长期停用的pH计电极，使用前必须在3mol/L氯化钾溶液中浸泡24h对电极进行活化。

2. 标定

（1）活化后的电极需进行标定，如连续使用，每天标定一次。

（2）插上复合电极，打开电源按键按“模式”按键调到pH档。

（3）按仪器“温度”“↑”“↓”按键，使仪器显示值达到溶液的温度值，此时仪器的“℃”灯点亮，过几秒钟仪器自动回到pH测量状态。

（4）用蒸馏水清洗电极，插入已配好的pH为6.86的缓冲溶液中。

（5）调节仪器“定位”“↑”“↓”按键，使仪器显示读数与该缓冲溶液当时温度下的pH一致。

（6）用蒸馏水清洗电极再插入 pH 4.00 的标准缓冲溶液中，调节仪器“斜率”“↑”“↓”按键，使仪器显示读数与缓冲液中当时温度下的 pH 一致。

（7）重复（4）~（6）步骤标定，直至不用再调节定位或斜率的调节按键为止，标定完成。

3. pH 测定

用蒸馏水清洗电极头部，用被测溶液清洗 2~3 次；把电极浸入被测溶液中，用玻璃棒搅拌溶液，使溶液均匀，在显示屏上读出溶液的 pH。

如被测溶液和定位溶液温度不同时，则先用温度计测出被测溶液的温度，调节温度按键使仪器显示的温度与被测溶液的温度一致，读出溶液的 pH。

4. pH 计使用注意事项与日常维护

（1）pH 计的输入端必须保持干燥清洁，防止灰尘及水汽浸入。

（2）测量时电极的引入导线应保持静止，否则会引起测量不稳定。

（3）用缓冲溶液标定仪器时，要保证缓冲溶液的可靠性，不能配错缓冲溶液，否则将导致测量结果产生误差。

（4）仪器使用一年后必须送计量部门或有资质的单位复检，合格后方可使用。

任务实施

此过程参照 GB 11903—1989《水质　色度的测定》。

一、试剂准备

实验试剂如表 2-18 所示。

表 2-18　实验试剂

序号	试剂	试剂配制	备注
1	水	将 0.2μm 滤膜（细菌学研究中所采用的）在 100mL 蒸馏水或去离子水中浸泡 1h，用它过滤 250mL 蒸馏水或去离子水，弃去最初的 25mL	光学纯水
2	铂-钴标准储备液	将（1.245±0.001）g 六氯铂酸和（1.000±0.001）g 干燥六水氯化钴，溶于约 500mL 水中，加（100±1）mL 盐酸（ρ = 1.18g/mL）并用蒸馏水定容至 1000mL。此标准溶液的色度为 500 度。将溶液放在密封的玻璃瓶中，存放在暗处，温度不能超过 30℃	
3	铂-钴标准比色系列	用移液管精确吸取 2.50、5.00、7.50、10.00、12.50、15.00、17.50、20.00、30.00 及 35.00mL 铂-钴标准储备液于 250mL 的容量瓶中，用蒸馏水稀释至刻度，摇匀。溶液色度分别为：5、10、15、20、25、30、35、40、50、60 和 70 度。溶液放在严密盖好的玻璃瓶中，存放于暗处，温度不能超过 30℃	

二、仪器和设备准备

实验仪器和设备如表 2-19 所示。

表 2-19　　实验仪器和设备

序号	名称	要求	备注
1	具塞比色管	50mL	光学透明、玻璃底部无阴影
2	pH 计	精度±0. 1pH 单位	
3	容量瓶	250mL	

三、分析操作

1. 试样制备

所有与样品接触的玻璃器皿都要用盐酸或表面活性剂溶液加以清洗，最后用蒸馏水或去离子水洗净、沥干。

2. 测定

将水倒入 250mL（或更大）量筒中，静置 15min，倾取上层液体作为试样进行测定。

将一组具塞比色管用色度标准溶液充至标线，将另一组具塞比色管用试样充至标线。将具塞比色管放在白色表面上，比色管与该表面应呈合适的角度，使光线被反射自具塞比色管底部向上通过液柱。垂直向下观察液柱，找出与试样色度最接近的标准溶液。

如色度≥70 度，用光学纯水将试样适当稀释后，使色度落入标准溶液范围之中再行测定，另取试样测定 pH。

四、结果计算

以色度的标准单位报告与试样最接近的标准溶液的值，在 0~40 度（不包括 40 度）的范围内，准确到 5 度。40~70 度范围内，准确到 10 度。在报告样品色度的同时报告 pH。稀释过的样品色度（A_0），以度计，按式（2-9）计算：

$$A_0 = \frac{V_1}{V_0}A_1 \qquad (2-9)$$

式中　V_1——样品稀释后的体积，mL；

V_0——样品稀释前的体积，mL；

A_1——稀释样品色度的观察值，度。

五、数据记录

实验数据记录见表2-20。

表2-20　　数据记录表格

<table>
<tr><td>样品编号</td><td></td><td colspan="2">样品名称</td><td colspan="3"></td></tr>
<tr><td>收样日期</td><td></td><td colspan="2">检验日期</td><td colspan="3"></td></tr>
<tr><td>样品状态</td><td></td><td colspan="2">规格数量</td><td colspan="3"></td></tr>
<tr><td>样品批次</td><td colspan="2"></td><td>湿度</td><td></td><td>温度</td><td></td></tr>
<tr><td colspan="3">检验依据</td><td colspan="2">检验用仪器设备</td><td colspan="2">检验方法</td></tr>
<tr><td colspan="3"></td><td colspan="2"></td><td colspan="2"></td></tr>
<tr><td rowspan="7">项目分类</td><td colspan="2">计算公式</td><td colspan="4"></td></tr>
<tr><td colspan="2">试验序号</td><td colspan="2">试验1</td><td colspan="2">试验2</td></tr>
<tr><td colspan="2">样品稀释后体积/mL</td><td colspan="2"></td><td colspan="2"></td></tr>
<tr><td colspan="2">样品稀释前体积/mL</td><td colspan="2"></td><td colspan="2"></td></tr>
<tr><td colspan="2">稀释样品色度的观察值/度</td><td colspan="2"></td><td colspan="2"></td></tr>
<tr><td colspan="2">样品色度/度</td><td colspan="2"></td><td colspan="2"></td></tr>
<tr><td colspan="2">精密度</td><td colspan="4"></td></tr>
</table>

任务评价

水中色度的测定评价标准见表2-21。

表2-21　　水中色度的测定评价表

评价内容	评价标准	分值	评价记录
样品处理	量筒用法正确，无液体洒落，静置时间满足要求	20	
操作能力	正确使用pH计	40	
	按步骤规范完成实验	20	
结果	上报结果	20	
合计			

课后巩固

(1) 在测定色度的同时，为什么必须同时测定pH?

(2) 在测定色度时，从比色管的正面观察可以吗？为什么？

(3) 水的色度是指水的表观颜色还是水的真实颜色？

思政小课堂

百折不挠，勇于创新

早期，我国依托的自动分析仪器绝大多数为进口仪器。国外产品不仅不适应中国水质环境，而且价格昂贵，监测成本高，售后服务不及时，易造成监测数据缺失。为了开发适应我国水质的全自动分析仪器，汪尔康院士团队利用水源微生物建立了原位培养微生物膜反应器的方法，在国际上首次提出了基于原位培养管式微生物膜反应器，用于水体生化需氧量的快速测定；并针对水污染特点，开发了不同体系的在线生化需氧量监测方法。结合物联网技术，实现了数钻平台展示及远程控制，实时监控与管理系统平台。希望同学能认识我国科技发展对我国国力水平提高的重要性，由此激发出民族自豪感和民族自信心。以汪尔康院士为代表的广大科研工作者，勇于探索的勇气、爱国爱家的大爱情怀和百折不挠的精神，可勉励学生追求科学的志趣，增强学习的动力，传承科学家的高尚品格。

任务六 啤酒中二氧化碳的测定

任务导入

食品生产中往往充入不同的气体以增加杀口感，或使瓶体达到一定的压力便于运输，气体的多少直接影响产品的质量与运输情况。现有一批啤酒送入检测中心，你作为一名检测人员，想要通过啤酒中二氧化碳的测定判断其含二氧化碳的量，你打算怎么做呢？

学习目标

❖ 知识目标

1. 掌握食品中气体测定的原理。
2. 掌握啤酒中二氧化碳的测定流程。

❖ 能力目标

1. 能够进行啤酒中二氧化碳的测定。
2. 具有计算的能力。

❖ 素质目标

1. 使用二氧化碳测定仪，培养学生爱护实验仪器的好习惯。

2. 在讲解二氧化碳的概述时，引入案例，有助于学生弘扬科学家精神、培养家国情怀。

相关知识

一、概述

食品与发酵工业生产中的气体分析主要包括两种类型：一种是测量试样中某种气体的含量，如碳酸饮料、瓶装啤酒中二氧化碳含量的测定；另一种是通过试样中的某一组分发生化学反应生成某种气体，通过测量反应生成的气体的量来计算试样中被测组分的含量。

气体的量可以通过测量气体体积或压力的变化求得，再以理想气体状态方程和亨利定律为依据进行结果计算。

气体分析中不同的测定项目往往需要不同的专用仪器。

啤酒在低温发酵过程中有部分二氧化碳溶解在酒液中，其含量为 0.3～0.4g/100mL。二氧化碳能促进泡沫的产生，增加啤酒丰满和清爽的口感。啤酒中的空气能促使啤酒“气化浑浊”，影响啤酒保质期。测定瓶装啤酒中二氧化碳和空气含量，有助于啤酒质量的研究。

二、压力表法测定啤酒中二氧化碳的原理

先由测压法测定啤酒瓶中二氧化碳和空气的总压，然后让二氧化碳和空气一起流入仪器的测量管中，使二氧化碳被测量管中的氢氧化钠溶液吸收：

$$2NaOH+CO_2 = Na_2CO_3+H_2O$$

测量管中再次读出的便是剩下的空气体积。由瓶顶空间的总体积和空气的体积便可求出空气的分压，将测得的总压减去空气的分压即为二氧化碳的分压。

根据亨利定律，溶解在啤酒中的二氧化碳含量与瓶顶空间的二氧化碳分压成正比。将二氧化碳分压乘规定的测定温度下压力和二氧化碳百分含量的换算因数，即可求得二氧化碳的含量。

任务实施

此过程参照 GB/T 4928—2008《啤酒分析方法》。

一、试剂准备

实验试剂如表 2-22 所示。

表 2-22 **实验试剂**

序号	试剂	试剂浓度	备注
1	啤酒		送检样
2	氢氧化钠溶液	40%	

二、仪器和设备准备

实验仪器和设备如表 2-23 所示。

表 2-23 **实验仪器和设备**

序号	仪器	要求	备注
1	二氧化碳测定仪（图 2-6）		

二氧化碳测定仪包括穿孔装置（带有压力表）、碱吸收管和碱液水准瓶三部分(用耐碱的橡皮管连接)。其中穿孔装置包括一支空心的不锈钢针，一个精密压力表和气体出口阀。三者由密封装置和可在瓶顶盖子上进行调节的固定结构连接，以使之牢固地装在瓶颈，保证穿孔测压时不漏气。

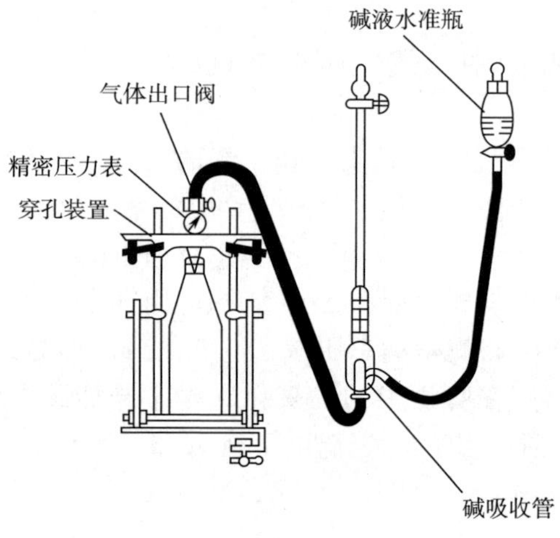

图 2-6 二氧化碳测定仪

三、分析操作

1. 试验前准备

将二氧化碳测定仪的三个组成部分用胶管或塑料管接好，在碱液水准瓶和刻度吸管中装入氢氧化钠溶液（40%），并用水或氢氧化钠溶液（也可使用瓶装酒）完全顶出连接刻度吸管与穿孔装置的胶管中的空气。

2. 试样的准备

取瓶装酒样置于25℃水浴中，保温30min（以保证瓶内酒样温度与水温平衡）。

3. 表压的测定

将酒瓶置于穿孔装置下穿孔（此时应关闭穿孔装置的气体出口阀），并用手摇动酒瓶（连同支架）直至压力表指针达到最大恒定值，记下读数（即表压）。

4. 瓶颈空气体积的测定

慢慢打开穿孔装置的气体出口阀，让瓶内气体缓缓流入碱吸收管，当压力表指针降至零时，立即关闭出口阀，倾斜摇动碱吸收管，使管内气体中二氧化碳被碱液充分吸收，直至气体体积达到最小恒定值。调整碱液水准瓶，使水准瓶的液位与碱吸收管液位等高，即静压相等，从刻度吸管上读取瓶颈空气的体积。

5. 瓶颈空容体积的测定

在测定前，先在瓶壁上标记酒的液面。测定时，用水将酒样瓶装满至标记处，用100mL量筒量取100mL水后倒入试样瓶至满瓶口，读取从量筒倒出水的体积。

四、结果计算

啤酒中二氧化碳质量分数可按式（2-10）计算：

$$w = \left(P - 0.101 \times \frac{V_2}{V_1}\right) \times 1.40 \tag{2-10}$$

式中 w——二氧化碳质量分数,%；

P——绝对压力（表压+0.101），MPa；

V_2——瓶颈空气体积，mL；

V_1——瓶颈空容体积，mL；

1.40——25℃、1MPa压力时，100g试样中溶解的二氧化碳克数。

所得结果应表示至二位小数。同一样品的两次平行测定值之差，不得超过0.02%。

五、数据记录

实验数据记录见表2-24。

表2-24 数据记录表格

样品编号		样品名称	
收样日期		检验日期	
样品状态		规格数量	

续表

<table>
<tr><td>样品批次</td><td colspan="2"></td><td>湿度</td><td></td><td>温度</td><td></td></tr>
<tr><td colspan="3">检验依据</td><td colspan="2">检验用仪器设备</td><td colspan="2">检验方法</td></tr>
<tr><td colspan="3"></td><td colspan="2"></td><td colspan="2"></td></tr>
<tr><td rowspan="7">项目分类</td><td colspan="2">计算公式</td><td colspan="4"></td></tr>
<tr><td colspan="2">试验序号</td><td colspan="2">试验 1</td><td colspan="2">试验 2</td></tr>
<tr><td colspan="2">绝对压力/MPa</td><td colspan="2"></td><td colspan="2"></td></tr>
<tr><td colspan="2">瓶颈空气体积/mL</td><td colspan="2"></td><td colspan="2"></td></tr>
<tr><td colspan="2">瓶颈空容体积/mL</td><td colspan="2"></td><td colspan="2"></td></tr>
<tr><td colspan="2">二氧化碳质量分数/%</td><td colspan="2"></td><td colspan="2"></td></tr>
<tr><td colspan="2">精密度</td><td colspan="4"></td></tr>
</table>

任务评价

啤酒中二氧化碳的测定评价标准见表 2-25。

表 2-25　啤酒中二氧化碳的测定评价表

评价内容	评价标准	分值	评价记录
试验前准备	连接好二氧化碳测定仪，完全顶出连接刻度吸管与穿孔装置的胶管中的空气	10	
样品处理	瓶装酒的温度和水温一致，标记酒液面的位置	20	
表压的测定	正确将酒瓶置于穿孔装置下并穿孔，正确摇动酒瓶，并记下读数	20	
测定瓶颈空气体积	正确打开和关闭气体出口阀，倾斜摇动碱吸收管吸收二氧化碳，调整碱液水准瓶，判断碱液水准瓶的液位与碱吸收管液位等高，正确读数	20	
测定瓶颈空容体积	正确使用量筒，倾倒，读数	20	
结果	上报结果	10	
合计			

课后巩固

（1）啤酒中除二氧化碳气体外还有的气体是（　　）。

A. 空气　　B. 氮气　　C. 氢气　　D. 氯气

（2）啤酒中二氧化碳气体测定吸收二氧化碳的试剂为（　　）。

A. 氢氧化钠　　B. 食盐　　C. 明矾　　D. 硫酸钠

(3) 啤酒中二氧化碳气体测定所用氢氧化钠的浓度为（　　）。

A. 10%　　B. 20%　　C. 30%　　D. 40%

(4) 二氧化碳测定仪包括穿孔装置、碱吸收管和碱液水准瓶三部分。（　　）

(5) 啤酒中二氧化碳的存在会增加杀口感。（　　）

(6) 啤酒中空气的存在会影响其保质期。（　　）

(7) 简述食品中二氧化碳测定的原理。

(8) 啤酒中二氧化碳有什么作用？

(9) 碳酸饮料生产中对充入的二氧化碳有何要求？

思政小课堂

弘扬科学家精神，培养家国情怀

二氧化碳在食品中的应用一般是添加在饮料中，饮料通过添加二氧化碳可起到调节风味、消暑清凉和防腐的作用。最近，我国的科研人员发表了一项研究成果，在国际上首次实现了二氧化碳到淀粉的从头合成，使淀粉生产从传统农业种植模式向工业车间生产模式的转变成为可能，取得原创性突破。在采访中，人工合成淀粉论文作者马延和说："合成生物学被认为是影响未来的颠覆性技术。设计人工生物系统不依赖植物种植进行淀粉制造，潜藏着惊人的变革前景。"的确，这条路线存在很多的不确定性，科学问题复杂、技术路线不清、瓶颈问题难测；但是，科学研究就需要大胆的实践、勇闯无人区。我们科技工作者要有强烈的国家使命感，面向国家重大战略需求，在科技工作中做出重大创新贡献是我们的责任担当。"从二氧化碳到淀粉的人工合成"的工业路径是事关长远和全局的科技战略制高点，是国之重器。

任务七 白酒酒精度的测定

任务导入

酒中酒精度的高低与产品的品质有关，现有一批白酒送入检测中心，你作为一名检测人员，想要通过白酒中酒精度的测定判断其酒精的含量，你打算怎么做呢？

学习目标

❖ 知识目标

1. 掌握白酒酒精度的测定原理。
2. 掌握白酒酒精度的测定流程。

❖ 能力目标

1. 能够进行白酒酒精度的测定。
2. 具有计算的能力。
3. 具有解读图表的能力。

❖ 素质目标

1. 实验中使用蒸馏器、水浴锅和密度瓶等仪器时，培养学生爱护仪器的良好习惯。
2. 根据学生情况，分组进行实验方案设计，培养学生的团队合作精神和写作意识。

相关知识

一、概述

食用酒精又称发酵性蒸馏酒，主要是以粮食、薯类、糖蜜作为原料经过蒸煮、糖化、发酵等处理而制得的供食品工业使用的含水酒精，其风味特色分为色、香、味、体四个部分，也就是指蒸馏酒中醛、酸、酯、醇这四大主要杂质的含量，不同的口味和气体会使蒸馏酒的风味不同。

从粮食、薯类、糖蜜三类原料来看食用酒精产成品的质量，粮食酒精最优，其次是薯类酒精，最差的是糖蜜酒精。食用酒精使用粮食和酵母菌在发酵罐里经过发酵后，经过过滤、精馏而得到的产品，通常为酒精的水溶液，或者说是水和酒精的互溶体，测定食品中酒精的含量具有重要的意义。

二、密度瓶法测定酒中酒精度的原理

以蒸馏法去除样品中的不挥发性物质，用密度瓶法测出试样（酒精水溶液）20℃时的密度，查询酒精水溶液密度与乙醇浓度（酒精度）对照表，求得在20℃时乙醇浓度（酒精度）。

本方法适用于蒸馏酒、发酵酒和配制酒。

任务实施

此过程参照 GB 5009. 225—2023《食品安全国家标准　酒和食用酒精中乙醇浓度的规定》。

GB 5009. 225—2023《食品安全国家标准 酒和食用酒精中乙醇浓度的测定》

一、材料准备

实验材料见表 2-26。

表 2-26　　实验材料

材料	备注
白酒	送检样

二、仪器和设备准备

实验仪器与设备见表 2-27。

表 2-27　　实验仪器与设备

序号	仪器	要求
1	分析天平	感量 0.0001g
2	全玻璃蒸馏器	500mL
3	恒温水浴	控温精度±0.1℃
4	附温度计密度瓶	25mL 或 50mL
5	容量瓶	100mL

三、分析操作

1. 试样制备

将洁净、干燥的 100mL 容量瓶和白酒样品恒温至 20℃后，准确量取样品 100mL 于 500mL 蒸馏瓶中，用 50mL 水分 3 次冲洗容量瓶，洗液并入 500mL 蒸馏瓶中，加几颗沸石（或玻璃珠），连接蛇形冷凝管，以取样用的原容量瓶作接收器（外加冰浴），开启冷却水（冷却水温度宜低于 15℃），缓慢加热蒸馏，收集馏出液。当接近刻度时，取下容量瓶，盖塞，于 20℃水浴中保温 30min，再补加水至刻度，混匀，备用。

2. 试样溶液的测定

将密度瓶洗净并干燥，带温度计和侧孔罩称量，重复干燥和称重，直至前后 2 次质量差不超过 2mg（恒重）。

取下带温度计的瓶塞，将煮沸冷却至 15℃的水注满已恒重的密度瓶中，插上带温度计的瓶塞（瓶中不得有气泡），立即浸入（20.0±0.1）℃的恒温水浴中，待内容物温度达 20℃并保持 20min，用滤纸快速吸去溢出侧管的液体，使侧管的液面和侧管管口齐平，立即盖好侧孔罩，取出密度瓶，用滤纸擦干瓶外壁上的水液，立即称量。

将水倒出，先用无水乙醇，再用乙醚冲洗密度瓶，吹干，用试样馏出液反复冲洗密度瓶3~5次，然后装满。按照“取下带温度计的瓶塞……用滤纸擦干瓶外壁上的水液”操作，称量。

四、结果计算

样品在20℃的密度（ρ_{20}）按式（2-11）计算，空气浮力校正值（A）按式（2-12）计算：

$$\rho_{20} = \rho_0 \times (m_2 - m + A)/(m_1 - m + A) \tag{2-11}$$

$$A = \rho_u \times (m_1 - m)/997.0 \tag{2-12}$$

式中　ρ_{20}——样品在20℃时的密度，g/L；

ρ_0——20℃时蒸馏水的密度（998.20g/L）；

m_2——20℃时密度瓶和试样的质量，g；

m——密度瓶的质量；

A——空气浮力校正值；

m_1——20℃时密度瓶与水的质量，g；

ρ_u——干燥空气在20℃、1013.25hPa时的密度（≈1.2g/L）；

997.0——在20℃时蒸馏水与干燥空气密度之差，g/L。

根据试样的密度ρ_{20}，查询目标中附录A（见二维码），求得酒精度，以体积分数“%vol”表示。

以重复性条件下获得的两次独立测定结果的算术平均值表示，结果保留至小数点后一位。

样品在重复性条件下获得的两次独立测定结果的绝对差值不得超过0.5%vol。

五、数据记录

数据记录表格如表2-28所示。

表2-28　　　　数据记录表格

<table>
<tr><td>样品编号</td><td></td><td colspan="2">样品名称</td><td colspan="3"></td></tr>
<tr><td>收样日期</td><td></td><td colspan="2">检验日期</td><td colspan="3"></td></tr>
<tr><td>样品状态</td><td></td><td colspan="2">规格数量</td><td colspan="3"></td></tr>
<tr><td>样品批次</td><td colspan="2"></td><td>湿度</td><td></td><td>温度</td><td></td></tr>
<tr><td colspan="3">检验依据</td><td colspan="2">检验用仪器设备</td><td colspan="2">检验方法</td></tr>
<tr><td colspan="3"></td><td colspan="2"></td><td colspan="2"></td></tr>
</table>

续表

项目分类	计算公式		
	试验序号	试验 1	试验 2
	20℃时蒸馏水的密度/(g/L)		
	20℃时密度瓶和试样的质量/g		
	密度瓶的质量/g		
	空气浮力校正值		
	20℃时密度瓶与水的质量/g		
	干燥空气在 20℃、1013.25hPa 时的密度		
	酒精度/%vol		
	精密度		

任务评价

白酒中酒精度的测定评价标准见表 2-29。

表 2-29　白酒中酒精度的测定评价表

评价内容	评价标准	分值	评价记录
试样制备	正确用容量瓶取样、分洗，冷凝管连接方向正确，不漏水，缓慢加热蒸馏不暴沸，收集馏出液不超刻度，正确补水至刻度	30	
恒重	正确干燥，并至恒重	10	
密度瓶中装水	及时准备恒温水浴，正确拔插瓶塞，擦干瓶外水珠，使瓶外干燥，正确称量	30	
密度瓶中装馏出液	正确拔插瓶塞，擦干瓶外水珠，使瓶外干燥，正确称量	20	
结果	上报结果	10	
合计			

课后巩固

(1) 啤酒样品在重复性条件下获得的两次独立测定结果的绝对差值不得超过(　　)。

A. 0.1%vol　　B. 0.2%vol　　C. 0.4%vol　　D. 0.5%vol

(2) 白酒的主要成分为(　　)。

A. 乙醛　　B. 乙酸　　C. 乙酯　　D. 乙醇

(3) 从粮食、薯类、糖蜜三类原料来看食用酒精产成品的质量，(　　) 最优。

A. 粮食酒精　　B. 薯类酒精　　C. 糖蜜酒精

(4) 密度瓶法测定食品中酒精度，求得在 (　　)℃时乙醇的体积分数，即为酒精度。

A. 10℃　　B. 20℃　　C. 30℃　　D. 40℃

(5) 对某一类酒讲，酒精度越高，酒的品质越好。(　　)

(6) 试样酒精水溶液密度越小，酒精度越高。(　　)

(7) 简述酒中酒精度测定的原理。

(8) 简述酒中酒精度测定的过程。

(9) 啤酒测酒精度时，为什么要除去二氧化碳?

项目三

食品常规指标测定

任务一 乳粉中水分的测定

任务导入

乳粉中水分的含量多少直接影响到乳粉的保质期，如果生产过程中工艺参数控制不当或储存方法不当都会使乳粉的含水量升高。现一公司送来一箱乳粉，你作为一名检验人员，想要通过测定乳粉中水分是否符合标准，来评价这箱乳粉的质量，你打算怎么做呢？

学习目标

❖ 知识目标

1. 了解乳粉中水分的测定意义及恒重概念。
2. 掌握水分测定的测定流程。

❖ 能力目标

1. 能对恒温干燥箱、天平进行正确操作。
2. 能设计原始数据记录表并规范填写测量数据。
3. 能用有效数字运算规则及修约规则正确计算和保留分析结果的有效数字，正确表达分析结果。

❖ 素质目标

1. 根据实验中干燥箱的使用过程，培养安全、规范操作的良好习惯。
2. 通过思政小课堂中二十大报告的引述，培养学生珍惜水资源、节约用水的好习惯。

3. 依据评价标准进行任务评价，找出实验过程中存在的问题，修改完善任务单，培养严谨的科学素养和精益求精的工匠精神。

相关知识

一、测定水分的意义

1. 水分是食品重要的质量指标之一

一定的水分含量可保持食品品质，延长食品保藏时间，各种食品的水都有各自的标准，有时若水分含量超过或降低1%，无论在质量还是经济效益上均有很大的影响。例如，乳粉要求水分含量为3.0%~5.0%，若为4%~6%，也就是水分提高到3.5%以上，就造成乳粉结块，则商品价值降低，水分提高后乳粉易变色，储藏期缩短；另外有些食品水分过高，组织状态发生软化，弹性也降低或者消失。蔬菜含水量85%~91%，水果80%~90%，鱼类67%~81%，蛋类73%~75%，乳类87%~89%，猪肉43%~59%。从含水量来讲，食品的含水量高低影响到食品的风味、腐败和发霉，同时，食品的干燥及吸潮后还会发生许多物理性质的变化，如面包和饼干类的变硬就不仅是失水干燥，而且也是水分变化造成淀粉结构发生变化的结果，此外，在肉类加工中，如香肠的口味就与吸水、持水情况的关系十分密切，所以，食品的含水量与食品的鲜度、硬软性、流动性、呈味性、保藏性、加工性等许多方面有着重要的关系。

2. 水分是一项重要的经济指标

食品加工厂可按原料中的水分含量进行物料衡算。如鲜乳含水量87.5%，用这种乳生产乳粉（3.5%含水量）需要多少牛乳才能生产一吨乳粉（7∶1出粉率）。像这样类似的物料衡算，均可以用水分测定的依据进行，这也可对生产进行指导管理。又例如生产面包，100kg面需用多少千克水，要先进行物料衡算。面团的韧性好坏与水分有关，加水量多面团软，加水量少面团硬，做出的面包体积不大，影响经济效益。

3. 水分的含量高低，与微生物的生长及生化反应都有密切的关系

在一般情况下，要控制水分含量低一点，防止微生物生长，但是并非水分越低越好。通常微生物作用比生化作用更加强烈。从上面三点就可说明测定水分的重要性，水分在食品分析中是必测的理化指标之一。

二、水分活度

食品中的水分，按其存在状态分为两种：自由水和结合水。不论是自由水或是结合水均以加热至100~115℃时的减重来定量。实际上，食品中的水分无论是新

鲜的或是干燥的都随环境条件的变动而变化。

如果食品周围环境的空气干燥、湿度低，则水分从食品向空气蒸发，水分逐渐减少而干燥，反之，如果环境湿度高，则干燥的食品就会吸湿以致水分增多。总之，不管是吸湿或是干燥最终到两者平衡为止。通常，把此时的水分称为平衡水分，也就是说，食品中的水分并不是静止的，而活动的状态，所以，从食品保藏的角度出发，食品的含水量不用绝对含量（%）表示，而用水分活度表示（A_w）。水分活度为食品所显示的水蒸气分压 P 对在同一湿度下纯水的水蒸气压 P_0 之比，按式（3-1）计算：

$$A_w = P/P_0 = R_{H/100} \tag{3-1}$$

式中　P——食品中水蒸气分压；

P_0——纯水的水蒸气压；

R_H——平衡相对湿度。

A_w 反映了食品与水的亲和能力，它表示了食品中所含的水分对微生物化学反应和微生物生长的可用价值。食品水分活度的高低不能按其水分含量来考虑，例如，金黄色葡萄球菌生长要求的最低水分活度为 0.86，而相当于这个水分活度的水分含量则随不同的食品而异，如干肉为 23%，乳粉为 16%，干燥肉汁为 63%，所以按水分含量多少难以判断食品的保藏性，只有测定和控制水分活度才对食品保藏性具有重要意义。

三、水分测定方法

水分测定方法有许多种，通常分为直接法和间接法两类。

利用水分本身的物理性质和化学性质测定水分的方法称为直接法，如常压干燥法、真空干燥法、蒸馏法和卡尔·费休法；利用食品的相对密度、折射率、电导、介电常数等物理性质测定水分的方法称为间接法。测定水分的方法要根据食品的性质和测定目的来选择。

（一）常压干燥法

1. 特点

常压干燥法（也称直接干燥法）一般是在 101～105℃ 下进行干燥。此法应用最广泛，操作以及设备简单，而且精确度高。

2. 原理

利用食品中水分的物理性质，在 101.3kPa（一个大气压），温度 101～105℃ 下采用挥发方法测定样品中干燥减失的重量，包括吸湿水、部分结晶水和该条件下能挥发的物质，再通过干燥前后的称量数值计算出水分的含量。

必须符合的条件（对食品而言）：①水分是唯一挥发成分，即加热时只有水分挥发，如样品中含酒精、香精油、芳香酯等都不能用干燥法，这些都属挥发成分；

②水分的排除情况很完全；③食品中的其他组分在加热过程中由于发生化学反应而引起的质量变化可忽略不计。只要符合以上三点就可采用常压干燥法，实际工作中应具体问题具体分析。

3. 适用范围

本法适用于在101~105℃下，蔬菜、谷物及其制品、水产品、豆制品、乳制品、肉制品、卤菜制品、粮食（水分含量低于18%）、油料（水分含量低于13%）、淀粉及茶叶类等食品中水分的测定，不适用于水分含量小于0.5g/100g的样品。

4. 测定操作要点

（1）样品的预处理　样品的预处理方法对分析结果影响很大，所以在样品采集、处理和保存过程中，要防止组分发生变化。固体样品必须粉碎；液体样品宜先在水浴上浓缩，然后用烘箱干燥；浓稠液体一般要加水稀释。

（2）干燥条件的选择　测定前要确定两个因素，即温度和时间。干燥温度，一般对热不稳定的食品可采用70~105℃；对热稳定的食品采用120~130℃。确定干燥时间的方法通常有两种：一种方法是干燥至恒重，即干燥残留物为2~5g，当连续两次干燥放冷称重后，两次质量差不超过1~2mg时；另一种方法是由规定的干燥时间来代替干燥至恒重的方法，所谓规定干燥时间，是指在这个时间内大部分水分已经被除去，而以后的干燥处理对测定结果改变很少，具体时间应当经过实验来确定。

5. 注意事项

①油脂或高脂肪样品，由于脂肪氧化，后面一次测定的质量反而可能会有所增加，应以前一次测定的质量计算；②对于易焦化或容易分解的食品，需选用较低的干燥温度或缩短干燥时间；③对于液体或半固体样品，要在称量皿中加入海砂，使样品疏松，扩大蒸发的接触面，并且用一个玻璃皿作为容器，先放到沸水浴中烘，烘的差不多再放到烘箱烘。如不加海砂容易使样品表面形成一层膜，造成水分不易出来，另外易沸腾的液体飞沫会造成其质量损失。

6. 产生误差的原因

①样品中含有易挥发性物质（酒精、乙酸、香精油、磷脂等）；②样品中的某些成分和水分结合，限制了水分挥发，使测得的结果偏低（如蔗糖水解为两分子单糖）；③食品中的脂肪与空气中的氧发生氧化，使样品质量增加；④在高温条件下物质分解，如果糖（$C_6H_{12}O_6$）对热敏感，大于70℃加热，即转化为葡萄糖（$C_6H_6O_3$）和H_2O；⑤被测样品表面产生硬壳，妨碍水分扩散，尤其是对于富含淀粉的样品；⑥烘干结束后样品会重新吸水。

（二）真空干燥法

1. 特点

干燥时所采用的真空度和加热温度范围较大，通用性较好；干燥的温度低，无过热现象，水分易于蒸发，干燥时间短。

2. 原理

在减压情况下，利用较低温度进行干燥以排除水分，样品中被减少的量为样品的水分含量。其测定结果比较接近真正水分。

3. 适用范围

本法适用于在100℃以上加热容易变质、破坏或不易除去结合水的样品，如糖浆、味精、砂糖、糖果、蜂蜜、果酱和脱水蔬菜等样品。

（三）蒸馏法

1. 特点

优点是热交换充分；受热后发生化学反应比重量法少；设备简单；管理方便。缺点是水与有机溶剂易发生乳化现象；样品中水分可能没有完全挥发出来；水分有时附在冷凝管壁上，造成读数误差；测定值中除水分外，还含有大量挥发性物质，如醚类、芳香油、挥发酸、CO_2 等。

2. 原理

把不溶于水的有机溶剂和样品放入蒸馏式水分测定装置中加热，试样中的水分与溶剂蒸气一起蒸发，把这样的蒸气在冷凝管中冷凝，由水分的容量而得到样品的水分含量。

3. 适用范围

适用于谷类、干果、油类、香料等样品，目前美国分析化学家协会（AOAC）规定蒸馏法用于饲料、啤酒花、调味料的水分测定，特别是香料，蒸馏法是其唯一的、公认的水分检验分析方法。

蒸馏法常用的有机溶剂及其性质如表3-1所示。对热不稳定的食品一般不采用二甲苯，因为它的沸点高，常选用沸点低的有机溶剂，如苯；对于一些含有糖分，可分解释放出水分的样品，如脱水洋葱和脱水大葱可采用苯。要根据样品的性质来选择有机溶剂。

表3-1　蒸馏法常用的有机溶剂及其性质

项目	苯	甲苯	二甲苯	二氧化碳
相对密度	0.88	0.86	0.86	1.59
沸点/℃	80	80	140	76.8

（四）卡尔·费休法

卡尔·费休法是测定各种物质中微量水分的一种方法。这种方法于1935年由卡尔·费休提出，一直采用 I_2、SO_2、吡啶、无水甲醇（含水量在0.05%以下）配制卡尔·费休试剂，并且国际标准化组织把这个方法定为微量水分测定的国际标准，我国也把这个方法定为国家标准以测微量水分。

1. 特点

此法不仅可测得样品中的自由水，而且可测出结合水，即此法测得结果更客观地反映出样品中的总水分含量。

2. 原理

在水存在时，即样品中的水与卡尔·费休试剂中的 SO_2 和 I_2 发生氧化还原反应，$I_2+SO_2+2H_2O \rightleftharpoons 2HI+H_2SO_4$。但这个反应是可逆反应，在体系中加入吡啶和甲醇，则使反应顺利地向右进行：

$$I_2+SO_2+H_2O+3C_5H_5N+CH_3OH \longrightarrow 2C_5H_5N \cdot HI+C_5H_5N \cdot HSO_4CH_3$$

反应完毕后多余的游离碘呈现红棕色，即可确定为到达终点。

卡尔·费休试剂，若以甲醇作溶剂，则试剂中 I_2、SO_2、吡啶（含水量在0.05%以下）三者的摩尔比为 1∶3∶10。卡尔·费休试剂的有效浓度取决于碘的浓度。新配制的试剂有效浓度不断降低，是由于试剂中各组分本身也含有一些水分，但试剂浓度降低的主要原因是由一些副反应引起的，并因此而多消耗了一部分碘。卡尔·费休试剂分甲液、乙液两种试剂，要分别配制和储存，甲液为 I_2 的 CH_3OH 溶液，乙液为 SO_2 的 CH_3OH-吡啶溶液，临用时再混合，而且需要标定。

3. 适用范围

此法适用于糖果、巧克力、油脂、乳糖和脱水果蔬类等样品的水分测定。如样品中有强还原性物，包括含有维生素 C 的样品则不能用此法测定。

四、其他测定水分的方法

1. 化学干燥法

化学干燥法是将某种对于水蒸气具有强烈吸附作用的化学药品与含水样品同装入一个干燥器（玻璃或真空干燥器），通过等温扩散及吸附作用而使样品达到干燥恒重，然后根据干燥前后样品的失重即可计算出其水分含量。此法在室温下干燥，需要较长时间，几天、几十天甚至几个月。常用的干燥剂有五氧化二磷、氧化钡、高氯酸镁、氢氧化锌、硅胶、氧化铝等。

2. 微波法

微波法是指频率范围为 $300 \sim 3\times10^5$MHz 的电磁波。当微波通过含水样品时，因水分引起的能量损耗远远大于干物质所引起的损耗，所以测量微波能量的损耗就可以求出样品的含水量。

3. 红外吸收光谱法

红外光属于电磁波，波长为 0.76~1000μm 的光。红外波段可分为三部分，近红外区 0.78~2.5μm，中红外区 2.5~25μm，远红外区 25~1000μm。根据水分对某一波长的红外光的吸收程度与其在样品中含量存在一定关系的事实建立了红外吸收光谱测定水分的方法。

任务实施

此过程参照 GB 5009.3—2016《食品安全国家标准　食品中水分的测定》直接干燥法。

GB 5009.3—2016
《食品安全国家标准
食品中水分的测定》

一、仪器和设备准备

实验仪器和设备如表 3-2 所示。

表 3-2　　实验仪器和设备

序号	名称	要求
1	扁形铝制或玻璃制称量瓶	
2	电热恒温干燥箱	
3	干燥器	内附有效干燥剂
4	天平	感量为 0.1mg

二、分析操作

取洁净铝制或玻璃制的扁形称量瓶，置于 101～105℃干燥箱中，瓶盖斜支于瓶边，加热 1h，取出盖好，置干燥器内冷却 0.5h，称量，并重复干燥至前后两次质量差不超过 2mg，即为恒重。将混合均匀的试样迅速磨细至颗粒小于 2mm，不易研磨的样品应尽可能切碎，称取 2～10g 试样（精确至 0.0001g），放入此称量瓶中，试样厚度不超过 5mm，加盖，精密称量后，置 101～105℃干燥箱中，瓶盖斜支于瓶边，干燥 2～4h 后，盖好取出，放入干燥器内冷却 0.5h 后称量。然后再放入 101～105℃干燥箱中干燥 1h 左右，取出，放入干燥器内冷却 0.5h 后再称量。重复以上操作至前后两次质量差不超过 2mg，即为恒重。

注：两次恒重值在最后计算中，取最后一次的称量值。

样品的称量　　样品的干燥　　取出干燥样品

三、结果计算

试样中水分的含量按式（3-2）进行计算：

$$X = \frac{m_1 - m_2}{m_1 - m_3} \times 100 \tag{3-2}$$

式中　X——试样中水分的含量，g/100g；

m_1——称量瓶（加海砂）和试样的质量，g；

m_2——称量瓶（加海砂）和试样干燥后的质量，g；

m_3——称量瓶（加海砂）的质量，g。

水分含量≥1g/100g 时，计算结果保留三位有效数字；水分含量<1g/100g 时，结果保留两位有效数字。

在重复性条件下获得的两次独立测定结果的绝对差值不得超过算术平均值的 5%。

四、数据记录

数据记录表格如表 3-3 所示。

表 3-3　　数据记录表格

<table>
<tr><td>样品编号</td><td colspan="2"></td><td colspan="2">样品名称</td><td colspan="3"></td></tr>
<tr><td>收样日期</td><td colspan="2"></td><td colspan="2">检验日期</td><td colspan="3"></td></tr>
<tr><td>样品状态</td><td colspan="2"></td><td colspan="2">规格数量</td><td colspan="3"></td></tr>
<tr><td>样品批次</td><td colspan="3"></td><td>湿度</td><td></td><td>温度</td><td></td></tr>
<tr><td colspan="4">检验依据</td><td colspan="2">检验用仪器设备</td><td colspan="2">检验方法</td></tr>
<tr><td colspan="4"></td><td colspan="2"></td><td colspan="2"></td></tr>
<tr><td rowspan="7">项目分类</td><td colspan="3">计算公式</td><td colspan="4"></td></tr>
<tr><td colspan="3">试验序号</td><td colspan="2">试验 1</td><td colspan="2">试验 2</td></tr>
<tr><td colspan="3">称量瓶和试样的质量/g</td><td colspan="2"></td><td colspan="2"></td></tr>
<tr><td colspan="3">称量瓶和试样干燥后的质量/g</td><td colspan="2"></td><td colspan="2"></td></tr>
<tr><td colspan="3">称量瓶的质量/g</td><td colspan="2"></td><td colspan="2"></td></tr>
<tr><td colspan="3">试样中水分的含量/(g/100g)</td><td colspan="2"></td><td colspan="2"></td></tr>
<tr><td colspan="3">精密度</td><td colspan="4"></td></tr>
</table>

任务评价

乳粉中水分的测定评价标准见表 3-4。

表 3-4　　乳粉中水分的测定评价表

评价内容	评价标准	分值	评价记录
样品处理	准确称取，及时记录数据，正确使用天平	10	
称量瓶恒重	正确恒重称量瓶，并判断是否恒重	20	
干燥器的使用	正确熟练设置干燥箱温度	15	
	使用干燥器时能平行推盖，等候 30min 冷却	15	
干燥样品	正确称量称量瓶和干燥样品的质量，并判断恒重	20	
计算及上报结果	能正确运用公式计算，并上报结果	20	
合计			

课后巩固

(1) 水分在食品中存在状态是什么？

(2) 水分测定方法包括哪几种？

(3) 常压干燥法有哪些特点？

(4) 恒重的概念是什么？

(5) 脂肪含量高的食品恒重如何确定？若后次测定的质量比前次质量大，如何记录数据？

(6) 测定液体或半固体水分时，在样品中有必要加入海砂吗？为什么？

(7) 谷类、干果、油类、调味料等测定其水分应采取的最合适方法是什么？

(8) 不同的干燥方法适用什么样的食品？

(9) 水分测定时干燥箱内的温度为（　　）。

A. 101～105℃　　B. 90～95℃

C. 85～90℃　　D. 106～110℃

知识拓展

一、天平的日常使用和维护方法

(一) 天平的分类

从天平的构造原理来分类，天平分为机械天平（杠杆天平）和电子天平两大类。

1. 机械天平

机械天平是利用杠杆平衡原理测定物体质量的测量仪器，可以分为等臂双盘天平和不等臂单盘天平。双盘天平还可分为摆动天平和阻尼天平，普通标牌天平和微分标牌天平（有光学读数装置，亦称为电光天平）；按加码器加码范围，可分为部分机械加码天平和全部机械加码天平。由于双盘天平存在不等臂性误差、空载和实载灵敏度不同等固有缺点，逐渐被不等臂单盘天平代替。不等臂单盘天平采用全量机械减码，克服了双盘天平的上述缺点，操作更为简便。

2. 电子天平

电子天平是利用电磁力或电磁力矩补偿原理，实现被测物体在重力场中的平衡，来获得物体质量并采用数字指示装置输出结果的衡量仪器。电子天平是新一代的天平，它称量速度快、显示清晰、操作简便、灵敏度高，而且具有自动检测系统、质量电信号输出功能，可与打印机、计算机联用，在检测实验室的质量保证中有着不可替代的作用，是最先进的天平，已经得到越来越广泛的应用。

通常称为“分析天平”的天平是用于化学分析和物质精确衡量的高准确度天平。这类天平的最小分度值都小于最大称量值的 10^{-5}，属于特种准确度级的电子天平（Ⅰ级）。分析天平可按衡量范围和最小分度值分为常量天平（衡量范围和最小分度值分别为 100~200g 和 0.01~1mg）、半微量天平（30~100g 和 1~10g）、微量天平（3~30g 和 0.1~1g）和超微量天平（3~5g 和 0.1g 以下）。

（二）电子天平的构造和使用方法

样品废物缸齐备，戴好手套称样品，
天平用时需调平，读数准确需预热，
称量之前记打扫，长按 O/T 是开机，
称量纸与盘相配，称量纸处盘中央，
关门再按去皮键，开门放样合适量，
关门示稳定读数，样品拿下需关门，
称量纸回皮归零，称量纸拿下关门，
随手请按关机键，关机切记扫天平，
记好记录方可好，收拾废物可离开。

具体步骤如下。

（1）调平　调整地脚螺栓高度，使水平仪内空气气泡位于圆环中央。

（2）预热　天平在初次接通电源或长时间断电之后，至少需要预热 30min。（事先检查电源电压是否匹配，必要时配置稳压器）。为取得理想的测量结果，天平应保持在待机状态。

（3）开机　按住“O/T”按钮，直至全屏自检，显示天平型号，当天平显示回零时，天平就可以称量了。

（4）称量　将洁净称量瓶或称量纸置于秤盘上，关上侧门，轻按一下去皮键，短按“O/T”按钮调零，天平将自动校对零点，然后逐渐加入待称物质，直到所需重量为止。

记录下称重的读数，拿下称量的物品，称量结束应及时除去称量瓶（纸），对秤盘进行清洁。

（5）关机　关闭天平，按住“O/T”按钮直至数字消失。切断电源。

（三）称量

根据不同的称量对象和不同的天平，根据实际情况选用合适的称量方法。一般称量使用普通托盘天平即可，对于质量精密度要求高的样品和基准物质应使用电子天平来称量。

1. 去皮称量

将容器置于托盘上，关闭天平门，待天平稳定后按 TAR 键清零，LTD 指示灯显示重量为 0.0000g，取出容器，将待称物品放入容器中，将容器放回托盘，不关闭天平门粗略读数，看质量变动是否达到要求，若在所需范围之内，则关闭天平门读出质量的准确值。

2. 直接称量法

此法适用于称量洁净干燥不易潮解或升华的固体试样。如称量小烧杯的质量等，在天平上直接称出物体的质量即可。

将要称量的物体准备好，关好天平门，按 TAR 键清零。打开天平左门，将物体放入托盘中央，关闭天平门，待稳定后读数。记录后打开左门，取出物品，关好天平门。

3. 固定质量称量法

固定质量称量法又称增量法，此法用于称量固定质量的试剂或试样。这种称量操作的速度很慢，适用于称量不易吸潮，在空气中能稳定存在的粉末或小颗粒（最小颗粒应小于 0.1mg）样品，以便精确调节其质量。本操作可以在天平中进行，用左手手指轻击右手腕部，将牛角匙中样品慢慢震落于容器内。

固定质量称量法要求称量精度在 0.1mg 以内。如称取 0.5000g 石英砂，则允许质量的范围是 0.4990~0.5010g，超出这个范围的样品均不合格。若加入量超出，则需重称试样，已用试样必须弃去，不能放回到试样瓶中。操作中不能将试样撒落到容器以外的地方。称好的试样必须定量地转入接收器中，不能有遗漏。

4. 递减称量法

递减称量法又称减量法。此法用于称量一定范围内的样品和试剂。主要针对易挥发、易吸水、易氧化和易与二氧化碳反应的物质。

用滤纸条从干燥器中取出称量瓶，用纸片夹住瓶盖柄打开瓶盖，用牛角匙加入适量试样（多于所需总量如称取 3 份 0.3g 试样，则需加入 1g 左右试样），盖上瓶盖，置入天平中，按 TAR 键清零。

用滤纸条取出称量瓶，在接收器的上方倾斜瓶身，用瓶盖轻击瓶口使试样缓缓落入接收器中。当估计试样接近所需量（0.3g 或约三分之一）时，继续用瓶盖轻击瓶口，同时将瓶身缓缓竖直，用瓶盖向内轻刮瓶口使黏于瓶口的试样落入瓶中，盖好瓶盖。将称量瓶放入天平，显示的质量减少量即为试样质量，如图 3-1 所示。

图 3-1　倾倒样品的正确操作方法

若放出质量多于所需（超出 0.3g 较多）时，则需重称，已取出试样不能收回，需弃去。

（四）使用天平注意事项

（1）在开关门，放取称量物时，动作必须轻缓，切不可用力过猛或过快，以免造成天平损坏。

（2）对于过热或过冷的称量物，使其回到室温后方可称量。

（3）称量物的总质量不能超过天平的称量范围。在固定质量称量时要特别注意。

（4）所有称量物都必须置于一定的洁净干燥容器（如烧杯、表面皿、称量瓶等）中进行称量，以免沾染腐蚀天平。

（5）为避免手上的油脂、汗液污染，不能用手直接拿取容器。称取易挥发或易与空气作用的物质时，必须使用称量瓶以确保在称量的过程中物质质量不发生变化。

（五）电子天平的维护及注意事项

1. 电子天平的维护

（1）天平室应避免阳光照射，保持干燥，防止腐蚀性气体的侵袭。天平应放在牢固的台上避免震动。

（2）天平箱内应保持清洁，要放置并定期烘干吸湿用的干燥剂（变色硅胶），以保持干燥。

（3）称量完毕，检查天平内外清洁，关好天平门，切断电源，罩上天平罩。在天平使用登记本上写清使用情况。

2. 电子天平的使用注意事项

（1）称量物体不得超过天平的最大载重量。

（2）不得在天平上称量过热、过冷或散发腐蚀性气体的物质。

（3）称量时，侧门应轻开轻关。

（4）称量的样品，必须放在适当的容器中。不得直接放在天平盘。

（5）称量的数据应及时写在记录本上，不得记在纸片或其他地方。

二、干燥箱的日常使用和维护方法

（一）干燥箱的分类

干燥箱是利用电热丝隔层加热使物体干燥的设备。它适用于比室温高 5~300℃（有的高 200℃）范围的烘焙、干燥、热处理等，灵敏度通常为±1℃。干燥箱的型号很多，但基本结构相似，一般由箱体、电热系统和自动控温系统三部分组成。干燥箱可分为以下三类。

（1）强制对流干燥箱　又称鼓风干燥箱或者热风循环干燥箱，箱体内部装有循环风扇，可使内部温度迅速分布均匀，所以温度的波动度和均匀度相对比较稳定。一般用于加热干燥、灭菌。

（2）自然对流干燥箱　又称重力对流干燥箱，相对于强制对流干燥箱内部没有循环风扇，特别适于粉末样品或者其他需要无风环境的实验，但是箱体内部温度的波动和稳定度差一些。一般用于加热、烘干、杀菌。

（3）真空干燥箱　专为干燥热敏性、易分解和易氧化物质而设计，利用真空泵将箱体内部抽成真空，特别是一些成分复杂的物品也能进行快速干燥，能在较低温度下得到较高的干燥速率，热量利用充分。

随着技术的发展，出现了更多类型的干燥箱，比如洁净型干燥箱，在烘干的同时还自带空气净化的功能，适用于食品烘烤、基板应力的去除、油墨的固化、漆膜的烘干等。

（二）干燥箱的使用

干燥箱面板如图 3-2 所示。

（1）把需要加热的物品放入干燥箱中，关好箱门。

（2）打开电源开关（即把电源开关拨至“I”处，此时电源指示灯亮，控温仪上有数字显示，显示设定温度为上一次使用时设定值），如图 3-3 所示。

（3）温度设定，先按 SET 键进入温度设定状态（此时 SV 显示闪烁）。

（4）再按移位键“◁”配合加键“△”和减键“▽”操作，设定目标温度，如要将温度设定为 180℃，原设定温度为 80℃，则按移位键“◁”将光标移到百位上，然后按加键“△”，将百位数字由 0 升至 1，设置结束后再按 SET 键，此时进入定时设定界面，如图 3-4 所示。

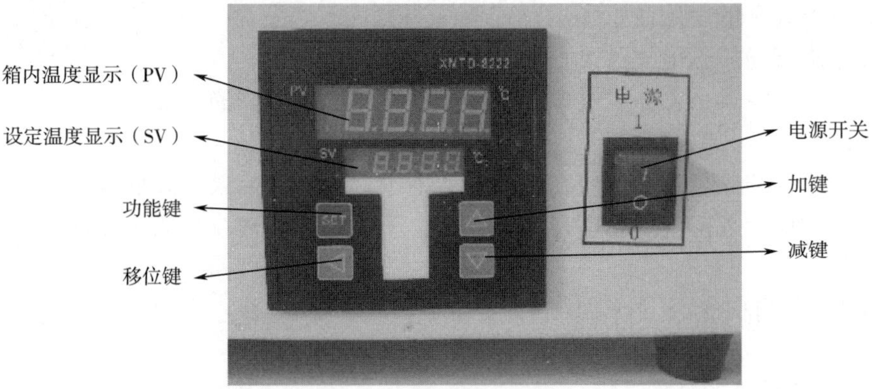

图 3-2　干燥箱面板

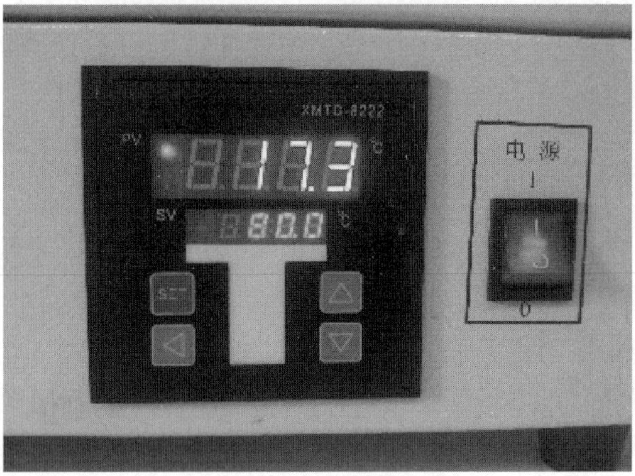

图 3-3　打开干燥箱电源

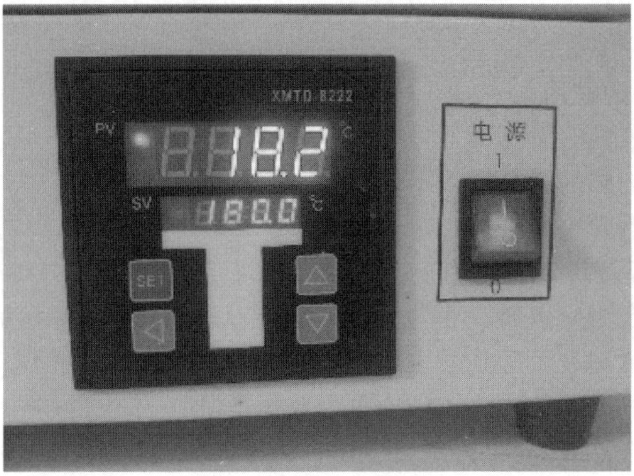

图 3-4　设置干燥箱温度

（5）再次按 SET 键，此时设定结束，SV 不再闪烁，PV 如上方小灯长亮，表示正在加热，如图 3-5 所示。

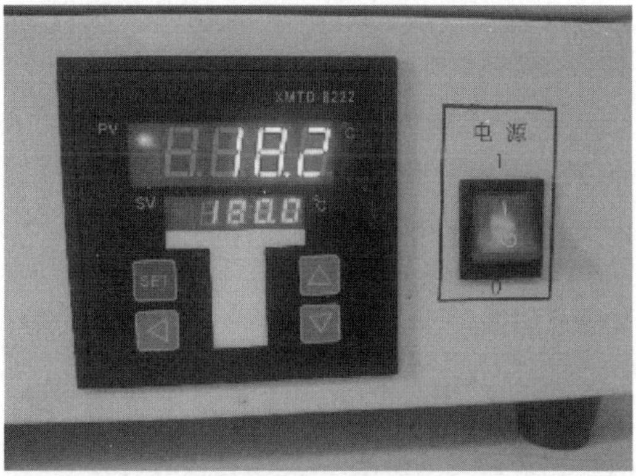

图 3-5　干燥箱工作界面

（6）待干燥结束后，手动关闭电源开关，以停止加热。此时炉内温度较高，不可开箱，应待温度降至室温后再打开干燥箱。

（三）干燥箱使用注意事项

（1）干燥箱应安放在室内干燥和水平处，防止振动和腐蚀。

（2）要注意安全用电，根据干燥箱耗电功率安装足够容量的电源闸刀。选用足够的电源导线，并应有良好的接地线。

（3）带有电接点水银温度计式温控器的干燥箱应将电接点水银温度计的两根导线分别接至箱顶的两个接线柱上。另将一支普通水银温度计插入排气阀中（排气阀中的温度计用来校对电接点水银温度计和观察箱内实际温度），打开排气阀的孔。调节电接点水银温度计至所需温度后紧固钢帽上的螺丝，以达到恒温的目的。但必须注意调节时切勿将指示铁旋至刻度尺外。

（4）当一切准备工作就绪后方可将试品放入干燥箱内，然后连接并开启电源，红色指示灯亮表示箱内已加热。当温度达到所控温度时，红灯熄灭绿灯亮，开始恒温。为了防止温控失灵，必须照看。

（5）放入试品时应注意排列不能太密。散热板上不应放试品，以免影响热气流向上流动。禁止烘焙易燃、易爆、易挥发及有腐蚀性的物品。

（6）当需要观察工作室内样品情况时，可开启外道箱门，透过玻璃门观察。但箱门以尽量少开为好，以免影响恒温。特别是在 200℃ 以上时，开启箱门有可能使玻璃门骤冷而破裂。

（7）有鼓风的干燥箱，在加热和恒温的过程中必须将鼓风机开启，否则影响工作室温度的均匀性和损坏加热元件。

（8）工作完毕后应及时切断电源，确保安全。

（9）干燥箱内外要保持干净。

（10）使用时，温度不要超过干燥箱的最高使用温度。

（11）为防止烫伤，取放试品时要用专门工具。

（四）干燥器的使用

干燥器见图 3-6。

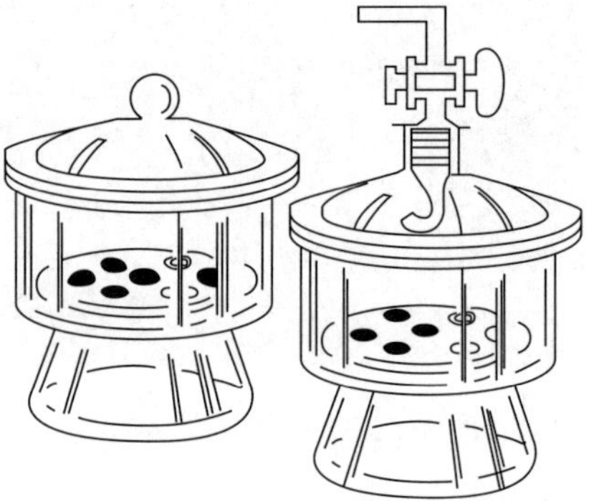

图 3-6　干燥器

（1）规格及表示方法　以内径（cm）表示，分普通干燥器、真空干燥器两种。

（2）一般用途　内放干燥剂。存放物品，以免物品吸收水汽。定量分析时，将灼烧过的坩埚放在其中冷却。

（3）使用方法及注意事项

①灼烧过的物品放入干燥器前，温度不能过高，并在冷却过程中要每隔一定时间开一开盖子，以调节器内压力。

②干燥器内的干燥剂要按时更换。

③小心盖子滑动而打破。

思政小课堂

节约用水，珍惜水资源

从食品的角度来看，水关系着食品的营养价值和风味口感，从大局来看，水是关系到人类生存和社会发展的基本物质条件，是一种有限的、不可替代的宝贵资源。在我国经济快速增长、各项建设取得巨大成就的同时，我们也付出了巨大的资源和环境代价，水环境的污染日趋加重，使本来就十分短缺的淡水资源更加紧张。所以，在党的二十大报告中指出：统筹水资源、水环境、水生态治理，推动重要江河湖库生态保护治理，基本消除城市黑臭水体，成为我们下一个五年建设目标。对于我们每个人来说，珍惜水资源、节约用水是最基本的认知和习惯，也是我们为人类可持续发展做出的贡献。

任务二 乳粉中灰分的测定

任务导入

乳粉营养丰富，含有人类生命活动所需要的五大营养成分，即蛋白质、糖类、维生素、矿物质、脂肪，可以为人体补充营养。特别钙磷比例适当，有助于宝宝吸收利用，可预防佝偻病的发生，如果你是化验员，将如何测定食品中矿物质含量？

学习目标

❖ 知识目标

1. 掌握灰分测定的步骤和流程。
2. 理解乳粉中灰分的测定原理及意义。

❖ 能力目标

1. 能进行灰分测定的操作及加速灰化的操作。
2. 会安全使用高温炉。

❖ 素质目标

1. 依据高温炉的特点，使用过程中注意烫伤、烧伤，培养学生安全、规范操作的良好习惯。

2. 灰分的测定中恒重过程时间长，需要耐心、恒心，并且树立实事求是上报实验结果的工作作风。

相关知识

一、测定灰分的意义

灰分是有机物经高温灼烧以后的残留物。灰分代表食品中的矿物盐或无机盐类，在测试食品的灰分时，如果含量很高则说明该食品生产工艺粗糙或混入了泥沙，或者加入了不合乎卫生标准要求的食品添加剂。比如，含泥沙较多的红糖、食盐其灰分含量必然增高，因此食品灰分是评价食品质量的指标之一。在必要时，还可以分析灰分中含的各种元素（如钙、磷、铁、碘、钾、钠等），这也是评价营养的参考指标。所以，对食品要规定一定的灰分含量。通常我们测定的灰分为总灰分。在总灰分中包括水溶性灰分和水不溶性灰分，以及酸溶性灰分和酸不溶性灰分。总灰分主要是金属氧化物和无机盐类及一些杂质；水溶性灰分，大部分为钾、钠、钙、镁等元素的氧化物及可溶性盐类；水不溶性灰分，大部分为铁、铝等元素的氧化物、碱土金属的碱式磷酸盐，以及由污染混入产品的泥沙等机械物质；酸不溶性灰分，大部分为污染掺入的泥沙，还包括食品组织中的微量氧化硅。

（1）食品的总灰分含量是控制食品成品或半成品质量的重要依据。比如，牛乳中的总灰分在牛乳中的含量是恒定的，一般在0.68%~0.74%，平均值非常接近0.70%，因此可以通过测定牛乳中总灰分来判定牛乳是否掺假，若掺水，灰分降低。另外还可以判断浓缩比，如果测出牛乳灰分在1.4%左右，说明牛乳浓缩一倍。又如富强粉，麦子中麸皮灰分含量高，而胚乳中蛋白质含量高，麸皮的灰分比胚乳的含量高20倍，就是说面粉中的精度高，则灰分就低。

（2）评定食品是否卫生，有没有污染。如果灰分含量超过了正常范围，说明食品生产中使用了不合乎卫生标准要求的添加剂。如果原料中有杂质或加工过程中混入了一些泥沙，则测定灰分时可检出。

（3）可测定灰分中各种元素，这是评价营养的参考指标。

二、测定灰分的准备

1. 灰化容器的准备

目前用的灰化容器是坩埚，常见的坩埚有石英坩埚、素瓷坩埚、白金坩埚、不锈钢坩埚。素瓷坩埚在实验室常用，它的物理性质和化学性质和石英相同，耐高温，内壁光滑可以用热酸洗涤，价格低，对碱敏感。一般坩埚处理的方法是以1：4盐酸煮沸1~2h，洗净晾干，用0.5%氯化铁和蓝墨水的等量混合液在坩埚外壁和盖上编号。再将编好号的坩埚放入高温电炉，设定温度为550℃，高温灼烧1h，关闭电源，温度降至200℃时，取出坩埚，放入干燥室内冷却到室温，称重，以后每次0.5h，重复灼烧至恒重，称量并记录。

2. 样品的准备

对于各种样品取多少克应根据样品种类和性质来决定，另外对于一些不能直接灰化或炭化的样品，需先进行预处理才能烘干。液体样品（如牛乳，果汁），需先在水浴上蒸干湿样，主要是先去水，否则样品灰化时会沸腾而飞溅，使样品损失，影响结果；含水分多的样品（如果蔬），应在烘箱内干燥；富含脂肪的样品，先提取脂肪，即放到小火上烧，直到烧完为止，然后再炭化；富含糖类、蛋白质的样品在灰化前加几滴纯植物油，防止发泡。

3. 灰化温度的选择

灰化的温度因样品不同而有差异，大体是果蔬制品、肉制品、糖制品类不高于525℃；谷物、乳制品（除奶油外）、鱼、海产品、酒类不高于550℃。灰化温度选择过高，造成无机物的损失（NaCl、KCl），$CaCO_3$则变成CaO，磷酸盐熔融，然后包住炭粒，使炭粒无法氧化，所以选择温度不能过高。根据所测的样品来选择灰化温度。

不管选择哪个温度，都是高温，如果操作不当，会引起烫伤、烧伤等，需要学生严格按照高温炉的操作程序进行操作。

4. 灰化时间的确定

对于灰化时间一般无规定，针对试样和灰化的颜色，一般灰化到无色或灰白色，灰化的时间过长，损失较大，一般灰化需要 2~5h，有些样品即使灰化完全，颜色也达不到灰白色，如铁含量高的样品，残灰为蓝褐色，锰、铜含量高的样品，残灰为蓝绿色，所以根据样品不同来看灰化后产物的颜色。

三、加速灰化的方法

对于一些难灰化的样品，如动物性食品、蛋白质较高的样品，一般可采用 3 种方法缩短灰化周期，加速灰化过程。

（1）改变操作方法，样品初步灼烧后取出坩埚，冷却，在灰中加少量热水，搅拌使水溶性盐溶解，使包住的炭粒游离出来，蒸去水分，进行干燥然后再灼烧。

（2）加 HNO_3（1∶1）或 30% H_2O_2，使未氧化的炭粒充分氧化并且使它们生成 NO_2 和水，这类物质灼烧时完全消失，又不增加残留物灰分重量。

（3）加惰性物质，如 Mg、$CaCO_3$ 等，这些都不溶解，使炭粒不被覆盖，此法同时做空白实验。

任务实施

此过程参照 GB 5009.4—2016《食品安全国家标准　食品中灰分的测定》。

GB 5009.4—2016
《食品安全国家标准
食品中灰分的测定》

一、试剂准备

实验试剂如表 3-5 所示。

表 3-5　实验试剂

序号	试剂	试剂浓度	试剂配制
1	乙酸镁［$(CH_3COO)_2Mg \cdot 4H_2O$］	80g/L	称取 8.0g 乙酸镁（分析纯）加水溶解并定容至 100mL，混匀
2	乙酸镁［$(CH_3COO)_2Mg \cdot 4H_2O$］	240g/L	称取 24.0g 乙酸镁（分析纯）加水溶解并定容至 100mL，混匀
3	浓盐酸（HCl）	10%	量取 24mL 浓盐酸（分析纯）用蒸馏水稀释至 100mL

二、仪器和设备准备

实验仪器和设备如表 3-6 所示。

表 3-6 实验仪器和设备

序号	名称	要求
1	天平	感量为 0.1mg、1mg、0.1g
2	高温炉	温度≥950℃
3	石英坩埚或瓷坩埚	
4	干燥器	
5	水浴锅	控温精度±2℃

三、分析操作

1. 坩埚的预处理

取大小适宜的石英坩埚或瓷坩埚置于高温炉中，在（550±25）℃下灼烧 30min，冷却至 200℃左右，取出，放入干燥器中冷却 30min，准确称量。重复灼烧至前后两次称量相差不超过 0.5mg 为恒重。

2. 称样

灰分≥10g/100g 的乳粉试样称取 2~3g（精确至 0.0001g）；灰分≤10g/100g 的乳粉试样称取 3~10g（精确至 0.0001g）；对于灰分含量更低的样品可适当增加称样量。将样品均匀分布在坩埚内，不要压紧。

3. 测定

称取试样后，加入 1.00mL 乙酸镁溶液（240g/L）或 3.00mL 乙酸镁溶液（80g/L），使试样完全润湿。放置 10min 后，在水浴上将水分蒸干，在电热板上以小火加热使试样充分炭化至无烟，然后置高温炉中，在（550±25）℃灼烧 4h。冷却至 200℃左右，取出，放入干燥器中冷却 30min，称量前如发现灼烧残渣有炭粒时，应向试样中滴入少许水湿润，使结块松散，蒸干水分再次灼烧至无炭粒即表示灰化完全，方可称量。重复灼烧至前后两次称量相差不超过 0.5mg 为恒重。

吸取 3 份 1.00mL 乙酸镁溶液（240g/L）或 3.00mL 乙酸镁溶液（80g/L）做 3 次试剂空白试验。当 3 次试验结果的标准偏差小于 0.003g 时，取算术平均值作为空白值。若标准偏差≥0.003g 时，应重新做空白值试验。

由于有些样品的灰分较小，导致数据有时会有偏差，此时需要学生及时分析出现问题的原因，并重新实验。切忌修改数据，报告假数据。

炭化　　灰化　　取出灰分

四、结果计算

1. 以试样质量计

加了乙酸镁溶液的试样中灰分的含量，按式（3-3）计算：

$$X_1 = \frac{m_1 - m_2 - m_0}{m_3 - m_2} \times 100 \tag{3-3}$$

式中　X_1——加了乙酸镁溶液试样中灰分的含量，g/100g；

m_1——坩埚和灰分的质量，g；

m_2——坩埚的质量，g；

m_0——氧化镁（乙酸镁灼烧后生成物）的质量，g；

m_3——坩埚和试样的质量，g；

100——单位换算系数。

未加乙酸镁溶液的试样中灰分的含量，按式（3-4）计算：

$$X_2 = \frac{m_1 - m_2}{m_3 - m_2} \times 100 \tag{3-4}$$

式中　X_2——未加乙酸镁溶液试样中灰分的含量，g/100g；

m_1——坩埚和灰分的质量，g；

m_2——坩埚的质量，g；

m_3——坩埚和试样的质量，g；

100——单位换算系数。

2. 以干物质计

加了乙酸镁溶液的试样中灰分的含量，按式（3-5）计算：

$$X_1 = \frac{m_1 - m_2 - m_0}{(m_3 - m_2) \times w} \times 100 \tag{3-5}$$

式中　X_1——加了乙酸镁溶液试样中灰分的含量，g/100g；

m_1——坩埚和灰分的质量，g；

m_2——坩埚的质量，g；

m_0——氧化镁（乙酸镁灼烧后生成物）的质量，g；

m_3——坩埚和试样的质量，g；

w——试样干物质含量（质量分数），%；

100——单位换算系数。

未加乙酸镁溶液的试样中灰分的含量，按式（3-6）计算：

$$X_1 = \frac{m_1 - m_2}{(m_3 - m_2) \times w} \times 100 \tag{3-6}$$

式中 X_2——未加乙酸镁溶液的试样中灰分的含量，g/100g；

m_1——坩埚和灰分的质量，g；

m_2——坩埚的质量，g；

m_3——坩埚和试样的质量，g；

w——试样干物质含量（质量分数），%；

100——单位换算系数。

试样中灰分含量≥10g/100g时，保留三位有效数字；试样中灰分含量<10g/100g时，保留二位有效数字。

在重复性条件下获得的两次独立测定结果的绝对差值不得超过算术平均值的5%。

五、数据记录

以未加乙酸镁溶液，试样质量计为例，数据记录表格如表3-7所示。

表3-7　　数据记录表格

<table>
<tr><td>样品编号</td><td></td><td colspan="2">样品名称</td><td colspan="3"></td></tr>
<tr><td>收样日期</td><td></td><td colspan="2">检验日期</td><td colspan="3"></td></tr>
<tr><td>样品状态</td><td></td><td colspan="2">规格数量</td><td colspan="3"></td></tr>
<tr><td>样品批次</td><td colspan="2"></td><td>湿度</td><td></td><td>温度</td><td></td></tr>
<tr><td colspan="3">检验依据</td><td colspan="2">检验用仪器设备</td><td colspan="2">检验方法</td></tr>
<tr><td colspan="3"></td><td colspan="2"></td><td colspan="2"></td></tr>
<tr><td rowspan="7">项目分类</td><td colspan="2">计算公式</td><td colspan="4"></td></tr>
<tr><td colspan="2">试验序号</td><td colspan="2">试验1</td><td colspan="2">试验2</td></tr>
<tr><td colspan="2">坩埚和灰分的质量/g</td><td colspan="2"></td><td colspan="2"></td></tr>
<tr><td colspan="2">坩埚的质量/g</td><td colspan="2"></td><td colspan="2"></td></tr>
<tr><td colspan="2">坩埚和试样的质量/g</td><td colspan="2"></td><td colspan="2"></td></tr>
<tr><td colspan="2">试样中灰分的含量/(g/100g)</td><td colspan="2"></td><td colspan="2"></td></tr>
<tr><td colspan="2">精密度</td><td colspan="4"></td></tr>
</table>

任务评价

乳粉中灰分的测定评价标准见表 3-8。

表 3-8　　乳粉中灰分的测定评价表

评价内容	评价标准	分值	评价记录
样品处理	准确称取，及时记录数据，正确使用天平	10	
坩埚恒重	正确称量坩埚，并判断是否恒重	15	
炭化	选择合适温度炭化，并正确判断炭化结果	10	
高温炉的使用	正确熟练设置高温炉温度，选择合适温度打开高温炉	15	
干燥器的使用	使用干燥器时能平行推盖，等候 30min 冷却	15	
灰化样品	正确称量坩埚和灰化样品的质量，并判断恒重	15	
计算及上报结果	能正确运用公式计算，并上报结果	20	
合计			

课后巩固

1. 测定食品灰分含量要求将样品放入高温炉中灼烧，其温度为（　　）。
2. 恒重时前后两次的称量之差不超过（　　）。
3. 测定灰分含量使用的灰化容器，主要有（　　）和（　　）。
4. 对食品灰分叙述正确的是（　　）。
A. 灰分中无机物含量与原样品无机物含量相同
B. 灰分是指样品经高温灼烧后的残留物
C. 食品灼烧后残留物为粗灰分
D. 灰分是指样品经高温灼烧完全后的残留物
5. 耐碱性好的灰化容器是（　　）。
A. 瓷坩埚　　B. 蒸发皿　　C. 石英坩埚　　D. 铂坩埚
6. 正确判断灰化完全的方法是（　　）。
A. 一定要灰化至白色或浅灰色
B. 一定要高温炉温度达到 500~600℃时计算时间 5h
C. 应根据样品的组成、性状观察残灰的颜色
D. 加入助灰剂使其达到白灰色为止
7. 富含脂肪的食品在测定灰分前应先除去脂肪的目的是（　　）。
A. 防止炭化时发生燃烧　　B. 防止炭化不完全
C. 防止脂肪包裹炭粒　　D. 防止脂肪挥发
8. 固体食品应粉碎后再进行炭化的目的是（　　）。

A. 使炭化过程更易进行、更完全　　B. 使炭化过程中易于搅拌
C. 使炭化时燃烧完全　　D. 使炭化时容易观察
9. 对水分含量较多的食品测定其灰分含量应进行的预处理是（　　）。
A. 稀释　　B. 加助化剂
C. 干燥　　D. 浓缩
10. 炭化高糖食品时，加入的消泡剂是（　　）。
A. 辛醇　　B. 双氧水
C. 硝酸镁　　D. 植物油

任务三　牛乳酸度的测定

任务导入

牛乳几乎成为家庭必备食品，富含优质蛋白质、脂肪、维生素和钙等，深受大众的喜欢。酸度是一个代表牛乳新鲜程度的理化指标，通过它可以评判出牛乳的新鲜程度。你作为一名乳制品企业检验员，送来一批鲜乳，想要通过牛乳酸度是否符合标准，来评价这批牛乳的质量。你打算怎么做呢？

学习目标

❖ 知识目标
1. 掌握牛乳酸度测定的步骤。
2. 明确牛乳酸度种类及测定意义。
❖ 能力目标
1. 能正确进行滴定。
2. 能准确判断滴定终点。
3. 能进行正确的计算。
❖ 素质目标
1. 实验过程中，会使用到精密玻璃仪器和天平，需培养学生规范操作的意识，精益求精的精神。
2. 由滴定过程中颜色变化的过程，引入量变到质变的观点，培养学生积少成多、埋头苦干的精神。

相关知识

食品中的酸味物质，主要是溶于水的一些有机酸和无机酸。在果蔬及其制品中，以苹果酸、柠檬酸、酒石酸、琥珀酸和乙酸为主。在肉、鱼类食品中则以乳酸为主。此外，还有一些无机酸，如盐酸、磷酸等。这些酸味物质，有的是食品

中的天然成分，如葡萄中的酒石酸，苹果中的苹果酸；有的是人为加进去的，如配制型饮料中加入的柠檬酸；还有的是在发酵中产生的，如酸乳中的乳酸。

一、食品中酸味物质的作用

（1）作为显味剂　不论是哪种途径得到的酸味物质，都是食品重要的显味剂，对食品的风味有很大的影响。其中大多数的有机酸具有很浓的水果香味，能刺激食欲，促进消化，有机酸在维持人体体液酸碱平衡方面起着重要的作用。

（2）保持颜色稳定　食品中酸味物质的存在，即 pH 的高低，对保持食品颜色的稳定性有一定的作用。在水果加工过程中，如果加酸降低介质的 pH，可抑制水果的酶促褐变；选用 pH 6. 5~7. 2 的沸水热烫蔬菜，能很好地保持绿色蔬菜特有的鲜绿色。

（3）起防腐作用　酸味物质在食品中还能起到一定的防腐作用。当食品的 pH 小于 2. 5 时，一般除霉菌外，大部分微生物的生长都受到了抑制；若将乙酸的浓度控制在 6%时，可有效地抑制腐败菌的生长。

二、食品中酸度测定的意义

（1）判断果蔬的成熟程度　例如：如果测定出葡萄所含的有机酸中苹果酸高于酒石酸时，说明葡萄还未成熟，因为成熟的葡萄含大量的酒石酸。不同种类的水果和蔬菜，酸的含量因成熟度、生长条件而异，一般成熟度越高，酸的含量越低。如番茄在成熟过程中，总酸度从绿熟期的 0. 94%下降到完熟期的 0. 64%，同时糖的含量增加，糖酸比增大，具有良好的口感，故通过对酸度的测定可判断果蔬的成熟度。

（2）判断食品的新鲜程度　例如：新鲜牛乳中的乳酸含量过高，说明牛乳已腐败变质；水果制品中有游离的半乳糖醛酸，说明受到霉烂水果的污染。

（3）反映食品的质量指标　食品中有机酸含量的多少，直接影响食品的风味、色泽、稳定性和品质的高低。酸度的测定对微生物发酵过程具有一定的指导意义，如：酒和酒精生产中，对麦芽汁、发酵液、酒曲等的酸度都有一定的要求。发酵制品中的酒、酱油、食醋等中的酸度也是一个重要的质量指标。

三、食品中酸度的种类和表示方法

食品中常见的有机酸有柠檬酸、苹果酸、酒石酸、草酸、琥珀酸、乳酸及乙酸等。这些有机酸有的是食品原料中固有的，如水果蔬菜及其制品中的有机酸；有的是在食品加工中添加进去的，如汽水中的有机酸；有的是在生产加工储存中产生的，如酸乳、食醋中的有机酸。一种食品中可同时含有一种或多种有机酸，如苹果中主要含有苹果酸（1.02%），含柠檬酸较少（0.03%）；菠菜中则以草酸为主，此外还含有苹果酸及柠檬酸等。有些食品中的酸是人为添加的，故较为单一，如可乐中主要含有磷酸。

食品中的酸度通常用总酸度（滴定酸度）、有效酸度、挥发酸度来表示。

（1）总酸度　指食品中所有酸性物质的总量，包括已离解的酸浓度和未离解的酸浓度，采用标准碱液来滴定，并以样品中主要代表酸的百分含量表示。

（2）有效酸度　指样品中呈离子状态的氢离子的浓度，用 pH 计进行测定，用 pH 表示。

（3）挥发性酸度　指食品中易挥发部分的有机酸。如乙酸、甲酸等，可用直接或间接法进行测定。

牛乳酸度，牛乳中有两种酸度：固有酸度和发酵酸度。牛乳的总酸度为固有酸度与发酵酸度之和。

固有酸度又称外表酸度，是指刚挤出来的新鲜牛乳本身所具有的酸度，主要来源于鲜牛乳中的酪蛋白、清蛋白、柠檬酸盐及磷酸盐等酸性成分。固有酸度在鲜乳中占 0.15%~0.18%（以乳酸计）。

发酵酸度是指牛乳在放置过程中，由乳酸菌作用于乳糖产生乳酸而升高的那部分酸度。若牛乳的含酸量超过 0.20%，即认为有乳酸存在。习惯上把含酸量在 0.20%以下的牛乳列为新鲜牛乳，而 0.20%以上的列为不新鲜牛乳。

牛乳酸度有两种表示方法：①用°T 表示牛乳的酸度，是指滴定 100mL 牛乳所消耗 0.1mol/L 的氢氧化钠的体积（mL）或滴定 10mL 牛乳所消耗 0.1mol/L 的氢氧化钠的体积（mL）乘以 10，新鲜牛乳的酸度常为 16~18°T；②用乳酸的百分含量来表示，与总酸度的计算方法一样，用乳酸表示牛乳的酸度。

四、酚酞指示剂法测定食品中酸度的原理

酚酞指示剂法是测定食品中酸度的常用方法，试样经过处理，以酚酞作为指示剂，用 0.1000mol/L NaOH 标准溶液滴定至中性，记录消耗氢氧化钠溶液的体积数，经计算确定试样的酸度。

任务实施

此过程参照 GB 5009.239—2016《食品安全国家标准　食品酸度的测定》酚酞指示剂法。

GB 5009.239—2016
《食品安全国家标准
食品酸度的测定》

一、试剂准备

实验试剂见表 3-9。

表 3-9　　实验试剂

序号	试剂	试剂浓度	试剂配制
1	NaOH 标准溶液	0.1mol/L	参照 GB/T 601—2016
2	参比溶液	—	将 3g 七水合硫酸钴溶解于水中，并定容至 100mL
3	酚酞指示剂	—	称取 0.5g 酚酞溶于 75mL 体积分数为 95%的乙醇中，并加入 20mL 水，然后滴加氢氧化钠溶液至微粉色，再加入水定容至 100mL
4	不含二氧化碳的蒸馏水	—	将水煮沸 15min，逐出二氧化碳，冷却，密闭

二、仪器和设备准备

实验仪器和设备如表 3-10 所示。

表 3-10　　实验仪器和设备

序号	名称	要求
1	分析天平	感量为 0.001g
2	碱式滴定管	容量 25mL，最小刻度 0.1mL
3	吸量管	2mL
4	锥形瓶	250mL
5	量筒	100mL

三、分析操作

1. 参比溶液的制备

向装有等体积相应溶液的锥形瓶中加入 2.0mL 参比溶液，轻轻转动，使之混合，得到标准参比颜色。如果要测定多个相似的产品，则此参比溶液可用于整个测定过程，但时间不得超过 2h。

2. 测定

称取 10g（精确到 0.001g）已混匀的试样，置于 150mL 锥形瓶中，加 20mL 新煮沸冷却至室温的水，混匀，加入 2.0mL 酚酞指示液，混匀后用氢氧化钠标准溶液滴定，边滴加边转动烧瓶，直到颜色与参比溶液的颜色相似，且 5s 内不消褪，整个滴定过程应在 45s 内完成。滴定过程中，向锥形瓶中吹氮气，防止溶液吸收空气中的二氧化碳。记录消耗的氢氧化钠标准溶液毫升数（V_1）。

3. 空白滴定

用等体积的水做空白实验，读取耗用氢氧化钠标准溶液的毫升数（V_0）。空白所消耗的氢氧化钠的体积应不小于零，否则应重新制备和使用符合要求的蒸馏水或中性乙醇-乙醚混合液。

滴定是此实验中关键技术，一滴或半滴都影响着实验结果，所以需要学生通过多次练习，规范操作，达到精益求精的效果。

酸度的测定-样品的称取　　参比溶液的制备　　滴定操作和结果判定

四、结果计算

巴氏杀菌乳、灭菌乳、生乳、发酵乳、奶油和炼乳试样中的酸度以（°T）表示，按式（3-7）计算：

$$X = \frac{c \times (V_1 - V_0) \times 100}{m \times 0.1} \tag{3-7}$$

式中　X——试样的酸度，°T［以100g样品所消耗的0.1mol/L氢氧化钠毫升数计，mL/100g］；

c——氢氧化钠标准溶液的浓度，mol/L；

V_1——滴定时所消耗氢氧化钠标准溶液的体积，mL；

V_0——空白实验所消耗氢氧化钠标准溶液的体积，mL；

100——100g试样；

m——试样的质量，g；

0.1——酸度理论定义氢氧化钠的摩尔浓度，mol/L。

以重复性条件下获得的两次独立测定结果的算术平均值表示，结果保留三位有效数字。

在重复性条件下获得的两次独立测定结果的绝对差值不得超过算术平均值的10%。

五、数据记录

数据记录如表3-11所示。

表 3-11　　数据记录表格

<table>
<tr><td>样品编号</td><td></td><td colspan="2">样品名称</td><td colspan="3"></td></tr>
<tr><td>收样日期</td><td></td><td colspan="2">检验日期</td><td colspan="3"></td></tr>
<tr><td>样品状态</td><td></td><td colspan="2">规格数量</td><td colspan="3"></td></tr>
<tr><td>样品批次</td><td colspan="2"></td><td>湿度</td><td></td><td>温度</td><td></td></tr>
<tr><td colspan="3">检验依据</td><td colspan="2">检验用仪器设备</td><td colspan="2">检验方法</td></tr>
<tr><td colspan="3"></td><td colspan="2"></td><td colspan="2"></td></tr>
<tr><td rowspan="8">项目分类</td><td colspan="2">计算公式</td><td colspan="4"></td></tr>
<tr><td colspan="2">试验序号</td><td colspan="2">试验 1</td><td colspan="2">试验 2</td></tr>
<tr><td colspan="2">样品质量 m/g</td><td colspan="2"></td><td colspan="2"></td></tr>
<tr><td colspan="2">氢氧化钠浓度/(mol/L)</td><td colspan="4"></td></tr>
<tr><td colspan="2">滴定时氢氧化钠消耗体积/mL</td><td colspan="2"></td><td colspan="2"></td></tr>
<tr><td colspan="2">空白实验氢氧化钠消耗体积/mL</td><td colspan="4"></td></tr>
<tr><td colspan="2">试样的酸度/°T</td><td colspan="4"></td></tr>
<tr><td colspan="2">精密度</td><td colspan="4"></td></tr>
</table>

任务评价

牛乳酸度的测定评价标准见表 3-12。

表 3-12　　牛乳酸度的测定评价表

评价内容	评价标准	分值	评价记录
标准溶液的配制	粗溶液配制正确，基准物质称量准确，滴定终点判断准确，标液浓度误差在允许范围内	40	
样品称量	样品称量正确	10	
无二氧化碳蒸馏水	无二氧化碳蒸馏水处理正确	10	
滴定管使用	滴定管润洗、排气泡、装液、滴定和终点判断正确	20	
计算和结果上报	利用公式正确计算，并依据要求正确上报结果	20	
合计			

课后巩固

(1) 简述食品中有机酸的种类及有机酸的来源。

(2) 何谓总酸度、有效酸度、挥发酸度？

(3) 牛乳酸度的表示方法是什么？

(4) 配制氢氧化钠标准溶液所选用的基准试剂是什么?

(5) 本法所用水的要求是什么?

(6) 是不是所有可以测定出酸度的食物，口感都是酸的?

思政小课堂

埋头苦干，积少成多

在滴定过程中，随着氢氧化钠的不断加入，H^+不断被结合，其浓度不断降低。滴定过程中前半段OH^-逐渐增大，在计量点附近OH^-骤然提升，形成突跃，颜色由无色变为浅粉色。突跃的本质符合辩证唯物主义中的质量互变规律，即“处于不断变化之中的事物，在每次由一种性质变化到另一种性质的过程中，总是由微小的变化（即量变）慢慢积累开始，当积累达到一定程度，就会导致事物由一种性质变化到另一种性质（即质变）”。从量变与质变的关系原理可知，学生要注重平时学习的积累。不能只热衷于做“质变”的突破工作，更应注重做“量变”的积累工作。习近平总书记提倡青年要以“滴水穿石”的精神埋头苦干，踏踏实实每天做一点，积少成多，才会有“质变”的飞跃。

任务四 花生中脂肪的测定

任务导入

在日常生活中，人们经常食用的植物油包括大豆油、棉籽油、花生油等，农科院种植一批新型花生，需要测定其脂肪含量和其他指标，以此判断花生的品质。先将花生样品交给作为检验员的你，你打算怎么做?

学习目标

❖ 知识目标

1. 明确花生中脂肪测定的原理。
2. 掌握花生中脂肪测定的流程，并判定其结果。

❖ 能力目标

1. 学会安装索氏抽提器。
2. 能进行食品中脂肪测定的操作，并判定其结果。

❖ 素质目标

1. 依据索式抽提时间长的特点，培养学生踏实实验、耐得住寂寞的品性。
2. 以实验中所用石油醚为例，培养学生安全使用药品的意识。

相关知识

脂类主要包括脂肪（甘油三酯）和类脂化合物（磷脂、糖脂、固醇）。脂肪是食物中具有最高能量的营养素，也是七大营养素之一。食品中脂肪含量是衡量食品营养价值高低的指标之一。在食品加工生产过程中，原料、半成品、成品的脂类含量对产品的风味、组织结构、品质、外观、口感等都有直接的影响，所以食品中脂肪含量是食品质量管理中的一项重要指标。

一、脂类的性质

脂类一般为无色，无臭、无味，呈中性，相对密度小于1，固体脂类相对密度约为0.8，液体脂类相对密度为0.915~0.940，脂类不溶于水，而溶于有机溶剂，根据这点我们一般采用低沸点的有机溶剂萃取脂类。

（1）水解与皂化　一切脂肪都能在酸、碱或酶的作用下水解为脂肪酸及甘油。

（2）氢化与卤化　利用氢化将液体油氢化成半固体脂肪，如人造猪油。

（3）氧化与酸败　天然油脂暴露在空气中与氧会自发进行氧化作用，产生酸味，也就是我们所说哈败。例如油炸方便面，在夏季容易哈败。还有一些富含油的食品，长时间都容易发哈。哈败是由于脂肪中不饱和链被空气中的氧所氧化，生成过氧化物，过氧化物继续水解，产生低级的醛和羧酸，这些物质使脂肪产生不愉快的嗅感和味感。油脂酸败的另一个原因是在微生物的作用下，脂肪分解成醇和脂肪酸，脂肪酸经过氧化后生成苦味及臭味的低级酮类。对于脂肪与空气中氧发生自动氧化的情况，工厂用一些抗氧化剂来防止油的自动氧化。

（4）高温劣变　油在高温加热时发生劣变，在用油脂进行食品油炸的过程中，也会因长时间的高温加热使油脂产生劣变、颜色加深、稠度增大，并且油易起泡。高温长期加热的结果是游离脂肪酸增多，另外不饱和脂肪还可聚合生成各种聚合物，其中的二聚物对人体的毒性较大，例如，长期食用这种油脂可使肝脏肿大。

二、脂肪的测定意义

（1）脂肪是食品质量管理中的一项重要指标。在含脂肪的食品中，其含量都有一定的规定，测定脂肪含量可评价食品的质量好坏，是否掺假，是否脱脂，达到以质论价的目的。

（2）脂肪含量是一项重要的控制指标，测定食品的脂肪含量，对实行工艺监督、生产过程的质量管理、研究食品的储藏方式等方面都有重要的意义。

三、提取剂的选择及样品预处理

食品中脂肪的存在形式有游离态的，也有结合态的。游离态的脂肪如动物性脂肪和植物性脂肪。结合态的脂肪如天然存在的磷脂、糖脂、脂蛋白等中的脂肪与蛋白质或碳水化合物等成分形成的结合态。对大多数食品来说，游离态的脂肪是主要的，结合态的脂肪含量较少。

1. 提取剂的选择

脂类的结构比较复杂，到现在没有一种溶剂能将纯脂肪萃取出来，也就是说提取出来的都是粗脂肪，即大部分是脂肪，还有一些其他成分。脂类不溶于水，易溶于有机溶剂。因此测定脂类大多采用低沸点的有机溶剂。常用的溶剂有乙醚、石油醚、氯仿-甲醇混合溶剂。其中乙醚溶解脂肪的能力强，应用最广泛。

(1) 乙醚　乙醚的优点是沸点低，为 34.6℃，溶解脂肪能力强，大于石油醚。缺点是乙醚易燃，而且能被 2%的水饱和；含水的乙醚抽提能力降低，由于氧与水能形成氢键使穿透组织能力降低，即抽提能力下降；同时含水的乙醚使非脂成分溶解而被抽提出来，使结果偏高。比如 25℃时提取卵磷脂的实验比较如表 3-13 所示。

表 3-13　　提取卵磷脂实验比较

低分子成分	无水乙醚/(mg/100g)	含水乙醚/(mg/100g)
葡萄糖	10.5	315
蔗糖	15	150
丝氨酸	0	15
NaCl	0	25

由此可见，乙醚含水后，能将样品中非脂成分溶解从而使结果偏高，因此，使用乙醚时，样品不能含水分，必须干燥。而且室内需空气流畅。因为乙醚在空气中，最大允许浓度为 0.04%，超过这个极限易爆炸。另外乙醚一般储存在棕色瓶中，放置一段时间后，光下照射就会产生过氧化物，过氧化物也容易爆炸，如果乙醚储存时间过长，在使用前一定要检查有无过氧化物，如果有应当除掉。

检查过氧化物的方法：乙醚中加少量的 Fe^{2+} 及少量硫氰化钾，有红色出现，说明有过氧化物存在，反之为无色。

排除过氧化物的方法：含过氧化物乙醚加少量的 $FeSO_4$，可除掉过氧化物。

(2) 石油醚　石油醚溶解脂肪的能力比乙醚弱些，但吸收水分比乙醚少，没有乙醚易燃，使用时允许样品含有微量水分，它没有胶溶现象，不会夹带胶溶淀粉、蛋白质等物质。采用石油醚提取剂，测定值比较接近真实值。

乙醚、石油醚这两种溶剂适用于已烘干磨碎样品、不易潮解结块的样品，而且只能提取样品中游离态的脂肪，不能提取结合态的脂肪，对于结合态脂肪，必须预先用酸或碱破坏脂类和非脂成分的结合后才能提取。有时利用两种溶剂的优点，常常混合使用。

（3）氯仿-甲醇　氯仿-甲醇是另一种有效的溶剂，它对于脂蛋白、磷脂的提取效率较高，特别适用于水产品、家禽、蛋制品等食品脂肪的提取。

2. 样品的预处理

样品的预处理方法取决于样品本身的性质，牛乳预处理非常简单，而植物和动物组织的处理方法较为复杂。

（1）粉碎　粉碎的方法很多，不论是切碎、碾磨、绞碎或者采用均质等处理方法，应当使样品中脂类物理、化学以及酶的降解都要减小到最小程度。

（2）加海砂　有的样品易结块，用乙醚提取较困难，为了使样品保持散粒状可以加一些海砂，一般加样品的4~6倍量，目的使样品疏松，这样扩大了样品与有机溶剂的接触面积，有利于萃取。

（3）加入无水硫酸钠　因为乙醚可被2%水饱和，而使乙醚渗入到组织内部抽提脂肪的能力降低，所以有些样品含水量高时可加入无水硫酸钠，用量以样品呈散粒状为止。

（4）干燥　干燥的目的是提高脂肪的提取效率。干燥时要注意温度：温度过高脂肪易氧化，同时脂肪易与糖类、蛋白质结合变成复合脂；温度过低，脂肪易降解。

（5）酸处理　温度过高时脂肪与糖类、蛋白质等接触，变成复合脂，产生复合脂后，不能用极性溶剂直接抽提，所以要用酸处理，主要是把复合脂水解出去。比如某面包，采用直接萃取脂肪含量是1.20%，酸处理后萃取脂肪含量是1.73%；干全蛋，采用直接萃取脂肪含量是36.74%，酸处理后萃取脂肪含量是42.39%。

因此，复合脂类，利用直接萃取得到的结果偏低，经过酸水解将使蛋白质、糖类与脂肪分开，这样使脂肪游离出来后，再提取得到的数据准确。

对有些样品还有大量的糖类，测定脂肪时应先用水洗掉水溶性糖类再进行干燥、提取。

四、索氏抽提法测定食品中脂肪的原理

脂肪易溶于有机溶剂。试样直接用无水乙醚或石油醚等溶剂抽提后，蒸发除去溶剂，干燥，得到游离态脂肪的含量。

本方法适用于水果、蔬菜及其制品、粮食及粮食制品、肉及肉制品、蛋及蛋制品、水产及其制品、焙烤食品、糖果等食品中游离态脂肪含量的测定。

本实验中，脂肪充分抽提时间较长，需要学生坐得住板凳、耐得住寂寞，具备不管外部环境如何变换，都能认真对待、安心实验的能力。

任务实施

此过程参照 GB 5009.6—2016《食品安全国家标准　食品中脂肪的测定》索氏抽提法。

GB 5009.6—2016《食品安全国家标准 食品中脂肪的测定》

一、试剂准备

实验试剂如表 3-14 所示。

表 3-14　实验试剂

序号	试剂	备注
1	无水乙醚（$C_4H_{10}O$）	—
2	石油醚（C_nH_{2n+2}）	石油醚沸程为 30~60℃

二、仪器和设备准备

实验仪器和设备如表 3-15 所示。

表 3-15　实验仪器和设备

序号	名称	要求
1	索氏抽提器	—
2	恒温水浴锅	—
3	分析天平	感量 0.001g 和 0.0001g
4	干燥器	内装有效干燥剂，如硅胶
5	电热鼓风干燥箱	—
6	滤纸筒	—
7	蒸发皿	—

三、分析操作

脂肪的测定—样品的制备

样品的称取和样品包的缝合

滤纸包的制作

索氏抽提器的安装

抽提

1. 试样处理

花生样品去皮、磨碎后，称取混匀的试样 2~5g，准确至 0.001g，全部移入滤纸筒内。

2. 抽提

将滤纸筒放入索氏抽提器的抽提筒内，连接已干燥至恒重的接收瓶，由抽提器冷凝管上端加入无水乙醚或石油醚至瓶内容积的 2/3 处，于水浴上加热，使无水乙醚或石油醚不断回流抽提（6~8 次/h），一般抽提 6~10h。提取结束时，用磨砂玻璃棒接取 1 滴提取液，磨砂玻璃棒上无油斑表明提取完毕。

3. 称量

取下接收瓶，回收无水乙醚或石油醚，待接收瓶内溶剂剩余 1~2mL 时在水浴上蒸干，再于（100±5）℃干燥 1h，放干燥器内冷却 0.5h 后称量。重复以上操作直至恒重（直至两次称量的差不超过 2mg）。

四、结果计算

试样中脂肪的含量按式（3-8）计算：

$$X = \frac{m_1 - m_0}{m_2} \times 100 \tag{3-8}$$

式中 X——试样中脂肪的含量，g/100g；

m_1——恒重后接收瓶和脂肪的含量，g；

m_0——接收瓶的质量，g；

m_2——试样的质量，g；

100——换算系数。

计算结果表示到小数点后一位。

在重复性条件下获得的两次独立测定结果的绝对差值不得超过算术平均值的 10%。

五、数据记录

数据记录如表 3-16 所示。

表 3-16　数据记录表格

样品编号		样品名称			
收样日期		检验日期			
样品状态		规格数量			
样品批次		湿度		温度	

续表

<table>
<tr><td colspan="2">检验依据</td><td>检验用仪器设备</td><td>检验方法</td></tr>
<tr><td colspan="2"></td><td></td><td></td></tr>
<tr><td rowspan="7">项目分类</td><td>计算公式</td><td colspan="2"></td></tr>
<tr><td>试验序号</td><td>试验 1</td><td>试验 2</td></tr>
<tr><td>恒重后接收瓶和脂肪的含量/g</td><td></td><td></td></tr>
<tr><td>接收瓶的质量/g</td><td></td><td></td></tr>
<tr><td>试样的质量/g</td><td></td><td></td></tr>
<tr><td>试样中脂肪的含量/(g/100g)</td><td></td><td></td></tr>
<tr><td>精密度</td><td colspan="2"></td></tr>
</table>

任务评价

花生中脂肪的测定评价标准见表 3-17。

表 3-17　　花生中脂肪的测定评价表

评价内容	评价标准	分值	评价记录
试样处理	样品处理均匀，无肉眼可见的颗粒	10	
索式抽提装置的安装	索氏抽提装置安装顺序正确，接口紧固	20	
制备样品包	样品包缝合紧密，不漏样	10	
抽提	抽提时间够长，抽提充分	20	
接受容器的准备	正确干燥，判断恒重	15	
接受容器和试样的干燥	正确干燥，判断恒重	15	
计算	正确运用公式，计算上报结果	10	
合计			

课后巩固

(1) 测定花生中脂肪含量的常规分析方法是（　　）。

A. 索氏提取法　　B. 酸性乙醚提取法

C. 碱性乙醚提取法　　D. 巴布科克法

(2) 索氏提取法常用的溶剂有（　　）。

A. 乙醚　　B. 石油醚

C. 乙醇　　D. 氯仿-甲醇

(3) 用乙醚作提取剂时,( )。

A. 允许样品含少量水　　　B. 样品应干燥

C. 浓稠状样品加海砂　　　D. 应除去过氧化物

(4) 索氏提取法测定脂肪时,抽提时间是 ( )。

A. 虹吸 20 次　　　B. 虹吸产生后 2h

C. 抽提 6h　　　D. 用滤纸检查抽提完全为止

(5) 索氏提取法常用的仪器是索氏抽提器。( )

(6) 容量瓶可以放在电炉上直接加热。( )

(7) 脂肪是食物中具有最高能量的营养素,也是七大营养素之一。( )

(8) 索氏提取法恒重抽提物时,将抽提物和接受瓶置于100℃干燥1h后,取出冷却至室温称重为45.2458g,再置于100℃干燥1小时后,取出冷却至室温称重为45.2342g,同样进行第三次干燥后称重为45.2387g,则用于计算的恒重值为多少?

(9) 脂类包括哪些?

(10) 常用测定脂类的有机溶剂有哪些?

(11) 脂肪抽提时,怎样验证脂肪是否抽提干净?

任务五 乳酪中蛋白质的测定

任务导入

乳酪中蛋白质含量非常高,是优质蛋白质的来源。但是随着乳酪价格上涨,有生产者加入明胶或淀粉以次充好。有一批掺假的乳酪送到检测中心,你作为一名检验员,想要通过测定蛋白质的含量是否符合标准,来评价这批乳酪的质量,你打算怎么做呢?

学习目标

❖ 知识目标

1. 掌握乳酪中蛋白质测定的步骤。
2. 明确乳酪中蛋白质的特性及测定意义。

❖ 能力目标

1. 能正确完成消化过程。
2. 会安装定氮蒸馏装置。
3. 能正确使用凯氏定氮仪。

❖ 素质目标

1. 由于蛋白质测定步骤多,且时间较长,以及在检测过程中的核心技术多,多次练习，培养学生的规范操作、精益求精的精神。

2. 引入思政小课堂，帮助学生树立认清优势、发挥特长、争做有意义事情的意识。

3. 实验以小组的形式书写任务单、实验方案和进行实验操作，并以小组的形式实施评分，培养学生团结协作的意识。

相关知识

一、蛋白质的概述

蛋白质是复杂的含氮有机化合物，它是由 20 多种氨基酸通过肽键以一定方式结合起来，并具有复杂的空间结构。它是食品的重要组成成分，也是重要的营养物质，除了保证食品的营养价值外，在决定食品的色、香、味及结构等特征上也起着重要的作用。

1. 蛋白质的意义

由于食品种类很多，所以蛋白质含量分布是不均匀的，一般动物组织蛋白质含量高于植物组织，而且动物组织以肌肉内脏含量较多于其他部分，植物中以种子蛋白质含量高，豆类含蛋白质最高，如黄豆蛋白质含量在 40%。蛋白质是组成人体的重要成分之一，人体的一切细胞都由蛋白质组成。

蛋白质维持体内酸碱平衡。蛋白质是食品的重要组成部分之一，也是重要的营养物质。蛋白质是评价食品质量高低的指标，还关系到人体健康。

如果膳食中蛋白质长期不足，将出现负氮平衡，也就是说每天体内的排出氮大于机体摄入氮，这样造成消化吸收不良导致腹泻。对于一个体重 65kg 的人来说，若每天从体内排出氮 3. 5g（其中尿液排出 2. 4g，粪便 0. 8g，皮肤 0. 3g），一般以蛋白质含氮 16%计算的话，3. 5g 相当于蛋白质含量 22g（6. 25×3. 5），才就是说每日至少通过膳食供给 22g 蛋白质，才能达到氮平衡，即摄入体内的氮数量与排出氮的数量相等。所以蛋白质对人体健康影响很大。

2. 蛋白质换算系数

尽管不同的蛋白质，组成和结构不同，但从分析数据可以得到近似的蛋白质的元素组成百分比。一般来说，蛋白质的平均含氮量为 16%，即 1 份氮元素相当于 6. 25 份蛋白质，此系数为蛋白质换算系数 F。但是当测定的样品不同其含氮的系数也有差别，采用 6. 25 将会引起显著的偏差。如一般食物为 6. 25；纯乳与纯乳制品为 6. 38；面粉为 5. 70；玉米、高粱为 6. 24；花生为 5. 46；大米为 5. 95；大豆及其粗加工制品为 5. 71；大豆蛋白制品为 6. 25；肉与肉制品为 6. 25；大麦、小米、燕麦、裸麦为 5. 83；芝麻、向日葵为 5. 30；复合配方食品为 6. 25。

二、凯氏定氮法测定食品中蛋白质的原理

1. 消化过程

浓硫酸具有脱水性，能使有机物脱水并炭化成碳、氢、氮；浓硫酸还具有氧化性，使炭化后的碳进一步氧化为二氧化碳，硫酸则被还原为二氧化硫；二氧化硫使氮还原于氨，本身则被氧化为三氧化硫，氨随之与硫酸作用生成硫酸铵留在酸性溶液中。消化反应方程式如下：

$$2NH_2(CH_2)_2COOH+13H_2SO_4 \xrightarrow{\triangle} (NH_4)_2SO_4+6CO_2+12SO_2+16H_2O$$

$$2H_2SO_4+C = 2SO_2+2H_2O+CO_2\uparrow$$

$$H_2SO_4+2NH_3 = (NH_4)_2SO_4$$

消化反应中，为了缩短消化时间，加速蛋白质的分解，常常加入硫酸钾和硫酸铜，加入硫酸钾可以提高溶液的沸点而加快有机物的分解，它与硫酸钾作用生成硫酸氢钾可提高反应温度，一般纯硫酸的沸点在340℃左右，而添加硫酸钾后，可使温度提高到400℃以上，原因主要在于随着消化过程中硫酸不断地被分解，水分不断逸出而使硫酸钾浓度增大，故沸点升高，其反应式如下：

$$K_2SO_4+H_2SO_4 \overset{\triangle}{=} 2KHSO_4$$

$$2KHSO_4 = K_2SO_4+H_2O+SO_3\uparrow$$

硫酸钾加入量不能太大，否则消化体系温度过高，又会引起已生成的铵盐发生热分解而造成损失，其反应式如下：

$$(NH_4)_2SO_4 \longrightarrow NH_3\uparrow+NH_4HSO_4$$

$$NH_4HSO_4 \longrightarrow NH_3\uparrow+SO_3\uparrow+H_2O$$

除硫酸钾外也可加入硫酸钠、氯化钾等盐类来提高沸点，但效果不如硫酸钾。硫酸铜（$CuSO_4$）起催化作用，凯氏定氮法中可用的催化剂种类很多。除硫酸铜外，还有氧化汞、汞、硒粉等，但考虑效果、价格及环境污染等多种因素，应用最广泛的是硫酸铜，使用时常加入过氧化氢、次氯酸钾等氧化剂，以加速有机物的氧化分解，硫酸铜的作用机理如下：

$$2CuSO_4 \longrightarrow Cu_2SO_4+SO_2\uparrow+O_2\uparrow$$

$$C+2CuSO_4 \xrightarrow{\triangle} Cu_2SO_4+SO_2\uparrow+CO_2\uparrow$$

$$Cu_2SO_4+2H_2SO_4 \longrightarrow 2CuSO_4+2H_2O+SO_2\uparrow$$

此反应不断进行，待有机物被消化完后，不再有硫酸亚铜（褐色）生成，溶液呈现清澈的二价铜的蓝绿色。故硫酸铜除起催化剂的作用外，还可指示消化终点的到达，以及下一步蒸馏作为碱性反应的指示剂。

2. 蒸馏

在消化完全的样品消化液中加入浓氢氧化钠使其呈碱性，此时氨游离出来，加热蒸馏即可释放氨气，反应方程如下：

$$2NaOH+(NH_4)_2SO_4 \xlongequal{\triangle} 2NH_3\uparrow+Na_2SO_4+2H_2O$$

3. 吸收与滴定

蒸馏所释放出来的氨，用硼酸溶液进行吸收，硼酸呈微弱酸性，与氨形成强碱弱酸盐，等吸收完全后，再用盐酸标准溶液滴定，计算总含氮量。吸收及滴定反应方程式如下：

$$2NH_3+4H_3BO_3 \xlongequal{} (NH_4)_2B_4O_7+5H_2O$$
$$(NH_4)_2B_4O_7+5H_2O+2HCl \xlongequal{} 2NH_4Cl+4H_3BO_3$$

三、蛋白质测定仪的介绍

蛋白测定仪在食品厂、饮用水厂，药品检验、肥料测定中广泛应用，是检测种子、乳制品、饮料、饲料、土壤及其他农副产品中氮含量的专用仪器。蛋白质测定仪是根据蛋白质中氮的含量恒定的原理，通过测定样品中氮的含量从而计算蛋白质含量的仪器。因其蛋白质含量测量计算的方法叫作凯氏定氮法，故被称为凯氏定氮仪，又名蛋白质测定仪、粗蛋白测定仪。

蛋白质测定仪（俗称定氮仪）以国际凯氏定氮法为依据进行设计制造，此仪器主机采用蒸汽自动控制发生器，在液位稳压器的配合下，使蒸汽在数十秒时间内平稳输出供蒸馏器使用。第一执行机关控制下的碱液流经蒸馏管进入定量消化管，使固定在酸液里的氨在碱性条件下挥发。第二执行机关控制下的蒸汽对碱性条件的试样再进行蒸馏，使氨彻底挥发，挥发的氨被冷凝器冷凝下来，完全地被固定在硼酸之中，然后用标准酸对其滴定到终点，计算出氮的含量，再乘蛋白质换算系数得出蛋白质的含量。

四、自动凯氏定氮仪操作规程（以 K9840 自动凯氏定氮仪为例）

1. 开机前准备

（1）试剂检查　检查试剂是否充足，试剂应满足本批实验使用量。

（2）冷却水检查　打开冷却循环水。

2. 测样前准备

（1）预热　蒸馏室放置一个空消化管，关闭安全门，连续空蒸 3 个左右，达到仪器预热（安装每个消化管时注意左右旋紧消化管，确保消化管密封）。

（2）参数设置参考　稀释水量 10~20mL，硼酸 25mL，碱 0mL，蒸馏 5min，淋洗水量 10~20mL。

3. 样品测试

（1）样品空白测试　将消化好的试剂空白上机测试，测试完成取接收液滴定，并记录消耗标准滴定酸溶液的体积。（参数设置参考：稀释水量 10~20mL，硼酸

25mL，碱的体积是消化时浓硫酸的 4 倍为宜，蒸馏 5min，移动蒸馏接收瓶，液面离开冷凝管下端，再蒸馏 1min，淋洗水量 10~20mL）。

（2）样品测试　将消化好的样品上机测试，测试完成取接收液滴定，并记录消耗标准滴定酸溶液的体积。（参数设置参考：稀释水量 10~20mL，硼酸 25mL，碱的体积是消化时浓硫酸的 4 倍为宜，蒸馏 5min，移动蒸馏接收瓶，液面离开冷凝管下端，再蒸馏 1min，淋洗水量 10~20mL）

4. 关机前清洗

（1）管路清洗　消化管内加入 1/3 左右的蒸馏水（以蒸馏完成消化管液体不溢出为准），上机蒸馏，一般清洗 2 次左右。参数设置参考：稀释水量 0mL，硼酸 0mL，碱 0mL，蒸馏 6min，淋洗水量 0mL。

（2）蒸馏头清洗　用洗瓶冲洗蒸馏头上的碱液残留，冲洗废液接收盒，擦拭干净仪器后，关机，并关闭冷却循环水。

五、凯氏定氮仪使用注意事项及维护

（1）注意冷却水一定要打开，否则仪器不能正常工作。

（2）定期检查试剂管路的腐蚀情况，及时更换，防止漏液腐蚀仪器。

（3）蒸馏室门要闭合，否则仪器不能正常工作。

（4）保证液体的量充足，否则仪器不能正常工作。

本试验中，操作步骤多，需要时间长，需要学生有足够的耐心和信心，且每一步操作都影响着最终的检测结果，更需要学生规范操作，严谨认真。

任务实施

此过程参照 GB 5009. 5—2016《食品安全国家标准　食品中蛋白质的测定》凯氏定氮法。

GB 5009. 5—2016
《食品安全国家标准
食品中蛋白质的测定》

一、试剂准备

实验试剂如表 3-18 所示。

表 3-18　　实验试剂

序号	试剂	试剂浓度	试剂配制	备注
1	水	—	—	GB/T 6682—2008 规定的三级水
2	硫酸铜	—	—	分析纯
3	硫酸钾	—	—	分析纯

续表

序号	试剂	试剂浓度	试剂配制	备注
4	硫酸	0.0500mol/L	参照 GB/T 601—2016	分析纯
5	硼酸	20g/L	称取 20g 硼酸，加水溶解后并稀释至 1000mL	分析纯
6	甲基红乙醇溶液	1g/L	称取 0.1g 甲基红，溶于 95% 乙醇，用 95% 乙醇稀释至 100mL	分析纯
7	溴甲酚绿乙醇溶液	1g/L	称取 0.1g 溴甲酚绿，溶于 95% 乙醇，用 95% 乙醇稀释至 100mL	分析纯
8	亚甲蓝乙醇溶液	1g/L	称取 0.1g 亚甲蓝，溶于 95% 乙醇，用 95% 乙醇稀释至 100mL	分析纯
9	氢氧化钠	400g/L	称取 40g 氢氧化钠加水溶解后，放冷，并稀释至 100mL	分析纯
10	乙醇	95%	—	分析纯
11	混合指示液	—	2 份甲基红乙醇溶液与 1 份亚甲蓝乙醇溶液临用时混合。也可用 1 份甲基红乙醇溶液与 5 份溴甲酚绿乙醇溶液临用时混合	—

二、仪器和设备准备

实验仪器和设备如表 3-19 所示。

表 3-19　　实验仪器和设备

序号	名称	要求
1	天平	感量为 1mg
2	消化装置（消化管和消化炉）	
3	半自动凯氏定氮仪	
4	酸式滴定管	25mL
5	锥形瓶	250mL
6	吸量管	10mL

三、分析操作

1. 试样处理

称取充分混匀的乳酪磨碎样品 0.2～2g，精确至 0.001g，移入干燥的消化管中，加入 0.4g 硫酸铜、6g 硫酸钾及 20mL 硫酸，将消化管放入消化炉，小心加热，待内容物全部炭化，泡沫完全停止后，加强火力，并保持瓶内液体微沸，至液体呈蓝绿色并澄清透明后，再继续加热 0.5～1h。取下放冷，小心加入 20mL 水。放冷后，移入 100mL 容量瓶中，并用少量水洗消化管，洗液并入容量瓶中，再加水至刻度，混匀备用。同时做试剂空白试验。

2. 测定

准确吸取 10.0mL 试样处理液注入刚才使用过的消化管中，将消化管固定在半自动凯氏定氮仪上，将接收管插入接受瓶中（注意：保证硼酸进入到接收瓶中时，接收管底端没入硼酸溶液中），设置蒸馏条件（氢氧化钠 10mL，硼酸 10mL，水 20mL，淋洗 2mL，蒸馏 5min），开始蒸馏，并及时打开冷凝水开关，试样处理液在蒸馏过程中逐渐变黑，5min 结束后，用少量蒸馏水冲洗接收管下端，冲洗液汇集在接收瓶里。

3. 滴定

以 0.05mol/L 的硫酸或盐酸标准滴定液滴定接收瓶中液体，其中 2 份甲基红乙醇溶液与 1 份亚甲蓝乙醇溶液（1g/L）指示剂，颜色由紫红色变成灰色，pH 5.4；1 份甲基红乙醇溶液与 5 份溴甲酚绿乙醇溶液（1g/L）指示剂，颜色由酒红色变成绿色，pH 5.1。同时做试剂空白实验。

加入样品和药品　　样品的消化　　蒸馏　　滴定

四、结果计算

试样中蛋白质的含量按式（3-9）进行计算：

$$X = \frac{(V_1 - V_2) \times c \times 0.0140}{m \times V_3/100} \times F \times 100 \tag{3-9}$$

式中　X——试样中蛋白质的含量，g/100g；

V_1——试液消耗硫酸或盐酸标准滴定液的体积，mL；

V_2——试剂空白消耗硫酸或盐酸标准滴定液的体积，mL；

V_3——吸取消化液的体积，mL；

c——硫酸或盐酸标准滴定液浓度，mol/L；

0.0140——1.0mL 硫酸［$c(1/2H_2SO_4)$ = 1.000mol/L］或盐酸［$c(HCl)$ = 1.000mol/L］标准滴定液相当的氮的质量，g；

m——试样的质量，g；

F——蛋白质换算系数。

以重复性条件下获得的两次独立测定结果的算术平均值表示，蛋白质含量≥1g/100g时，结果保留三位有效数字；蛋白质含量<1g/100g时，结果保留两位有效数字。

在重复性条件下获得的两次独立测定结果的绝对差值不得超过算术平均值的10%。

五、数据记录

数据记录表格如表3-20所示。

表3-20　　数据记录表格

<table>
<tr><td>样品编号</td><td colspan="2"></td><td colspan="2">样品名称</td><td colspan="3"></td></tr>
<tr><td>收样日期</td><td colspan="2"></td><td colspan="2">检验日期</td><td colspan="3"></td></tr>
<tr><td>样品状态</td><td colspan="2"></td><td colspan="2">规格数量</td><td colspan="3"></td></tr>
<tr><td>样品批次</td><td colspan="3"></td><td>湿度</td><td></td><td>温度</td><td></td></tr>
<tr><td colspan="4">检验依据</td><td colspan="2">检验用仪器设备</td><td colspan="2">检验方法</td></tr>
<tr><td colspan="4"></td><td colspan="2"></td><td colspan="2"></td></tr>
<tr><td rowspan="10">项目分类</td><td colspan="3">计算公式</td><td colspan="4"></td></tr>
<tr><td colspan="3">试验序号</td><td colspan="2">试验1</td><td colspan="2">试验2</td></tr>
<tr><td colspan="3">试液消耗硫酸或盐酸标准滴定液的体积/mL</td><td colspan="2"></td><td colspan="2"></td></tr>
<tr><td colspan="3">吸取消化液的体积/mL</td><td colspan="2"></td><td colspan="2"></td></tr>
<tr><td colspan="3">试样的质量/g</td><td colspan="2"></td><td colspan="2"></td></tr>
<tr><td colspan="3">试剂空白消耗硫酸或盐酸标准滴定液的体积/mL</td><td colspan="4"></td></tr>
<tr><td colspan="3">硫酸或盐酸标准滴定液浓度/(mol/L)</td><td colspan="4"></td></tr>
<tr><td colspan="3">试样中蛋白质的含量/(g/100g)</td><td colspan="2"></td><td colspan="2"></td></tr>
<tr><td colspan="3">精密度</td><td colspan="4"></td></tr>
</table>

任务评价

乳酪中蛋白质的测定评价标准见表3-21。

表 3-21　　乳酪中蛋白质的测定评价表

评价内容	评价标准	分值	评价记录
试样准备和称量	试样磨碎均匀，无肉眼可见的颗粒，准确称取样品，规范记录，正确使用电子天平	10	
药品称量	正确称量药品，并加入消化装置	10	
加入硫酸	正确且安全量取硫酸	20	
消化	阶梯式设置消化温度，判断消化程度	20	
蒸馏	正确使用凯氏定氮仪设置硼酸、氢氧化钠和蒸馏水的加入量、蒸馏时间，判断蒸馏现象，正确进行冲洗	20	
滴定	正确使用滴定管，正确进行结果判断	10	
计算	运用公式计算上报结果	10	
合计			

课后巩固

（1）蛋白质测定中，下列做法正确的是（　　）。

A. 消化时硫酸钾用量要大　　B. 蒸馏时 NaOH 要过量

C. 滴定时速度要快　　D. 消化时间要长

（2）凯氏定氮法中测定蛋白质样品消化，加（　　）使有机物分解。

A. 盐酸　　B. 硝酸　　C. 硫酸　　D. 混合酸

（3）蛋白质测定时消化用硫酸铜作用是（　　）。

A. 氧化剂　　B. 还原剂　　C. 催化剂　　D. 提高液温

（4）用凯氏定氮法测定蛋白质时，加入硫酸钾的作用是（　　）。

A. 增加溶液的沸点　　B. 作为催化剂

C. 消化有机物　　D. 使样品中的有机氮变成无机氮

（5）凯氏定氮法碱化蒸馏后，用（　　）作吸收液。

A. 硼酸溶液　　B. NaOH 溶液　　C. 荼氏试纸　　D. 蒸馏水

（6）凯氏定氮法测牛乳中蛋白质的含量时，消化液中的氮以（　　）形式存在。

A. 氯化铵　　B. 硫酸铵　　C. 氢氧化铵　　D. 硝酸铵

（7）凯氏定氮法测牛乳中蛋白质的含量时不可用作助消化剂的是（　　）。

A. 过氧化氢　　B. 硝酸　　C. 硫酸铜　　D. 硫酸钾

（8）一般食品中蛋白质的含氮量为16%，故1份氮素相当于（　　）份蛋白质。

A. 6.25　　B. 16%　　C. 61%　　D. 2.65

(9) 半自动凯氏定氮法的原理是什么？怎样进行样品的处理？

(10) 简述经典的蛋白质测定过程中，每一步颜色的变化。

(11) 凯氏定氮过程中，怎样防止氨的损失？

(12) 依据食品检验员职业规范，当发现干酪中蛋白质含量远低于标准要求时，你会怎么做？

(13) 作为凯氏定氮仪的操作员，如果你发现凯氏定氮仪的硼酸溶液没有自动进入接收瓶中，你打算怎么办？

思政小课堂

认清优势，发挥能量

在2022年北京冬奥会中，除了激动人心的比赛，大家关注最多的就是奥运村各色美食，新研发的智能饺子馄饨档口、智能小吃档口、智能炒菜、智能面档、智能煲仔饭、智能麻辣烫等智慧餐饮，让国际友人深入了解了中国饮食文化。此次冬奥会上出现了众多职业技术学子的身影。例如，河南长垣烹饪职业技术学院中西面点工艺专业的学生加入了志愿者服务队伍，从事面点制作和热菜切配等工作，一道道赏心悦目的餐点展现了我国职业教育的良好风貌。河北旅游职业学院的学子们，从事会议组织、客房接待、后厨烹饪等工作，他们专业的服务给各国运动员、教练员和随行人员留下了美好而深刻的印象。参与重大的赛事行为，既体现了我国对于职业教育的认同，也体现了专业技能人才的能力，职业教育大有可为。

任务六　乳粉中乳糖的测定

任务导入

乳糖是牛乳的固有成分，通常多于其他固形物组成，浓度相当稳定，在乳品工业中，产品质量监督检验部门将乳及乳制品中乳糖含量检测视为必检项目。你作为一名乳制品工厂检验员，工厂新进一批乳粉原料，想要检测这批乳粉的乳糖含量是否符合标准。你如何进行检测？

学习目标

❖ 知识目标

1. 掌握乳糖的测定方法及流程。

2. 明确乳糖测定的原理和意义。

❖ 能力目标

1. 能熟练规范使用滴定管。

2. 能熟练配制和标定碱性酒石酸铜溶液。

❖ 素质目标

1. 通过重复操作练习，培养学生规范操作、精益求精的工匠精神。

2. 小组合作完成任务单的书写、任务实施，利用任务评价，找出存在的问题，培养学生的团结协作意识。

相关知识

糖是碳水化合物的一种，而碳水化合物是生物界三大物质之一。它是 C、H、O 三元素组成一类多羟基醛或多羟基酮化合物，而且绝大多数氢原子是氧原子的两倍，即氢与氧为 2∶1。它们的比例与水分的组成相同（水分子 H_2O）。因此被人们称为“碳水化合物”，即写成 CH_2O。它们可用通式 $C_n(H_2O)_m$ 表示。

一、糖的意义

中国是世界上最早的制糖国家之一，早期制得的糖主要有饴糖、蔗糖。中国西周的《诗经·大雅》中有“周原膴膴，堇荼如饴”。饴糖被认为是世界上最早制造出来的糖。

乳糖属还原糖。对于新生婴儿来说，乳糖是最理想的糖，因为婴儿消化道内含有较多的乳糖酶，这种乳糖酶能把乳糖分解成葡萄糖和半乳糖，而半乳糖是构成婴儿脑神经的重要物质。如果用蔗糖代替乳糖，婴儿大脑发育受到影响，乳糖对于成年人来说，由于体内乳糖酶减少，乳糖不易被吸收。

糖是焙烤食品的主要成分之一，在焙烤食品中，糖与蛋白质发生美拉德反应，使焙烤制品产生金黄色的颜色，这种颜色可增加人们的食欲，同时也增加了食品的色、香、味。

糖与蛋白质结合成糖蛋白，糖蛋白是构成软骨、骨骼等结缔组织的基质成分，构成细胞成分，促进消化（果蔬中的纤维素、果胶虽不能被机体消化利用，但可促进胃肠蠕动和消化）。

二、糖类的提取与澄清

1. 提取

常用溶剂有水和乙醇，在提取糖类时，先将样品磨碎浸泡成溶液，若有脂肪的样品用石油醚提取，去除其中的脂肪和叶绿素。

（1）水作提取剂　用水作提取剂，温度控制在45～50℃，利用水作提取剂时，还有蛋白质、氨基酸、多糖、色素干扰，影响过滤时间，所以用水作提取剂应注意。温度过高，使可溶性淀粉及糊精提取出来；酸性样品，酸性使糖水解（转化），所以酸性样品用碳酸钙中和，提取应控制在中性条件；提取的液体有酶活性时，同样使糖水解，加二氯化汞可防止（二氯化汞可抑制酶活性）。

（2）乙醇（水溶液）作提取剂　乙醇作提取剂适用于含酶多的样品，这样避免糖被水解。乙醇的浓度以70%～80%为宜，如浓度过高，糖溶在乙醇中，影响测定结果。

2. 澄清剂

（1）作用　沉淀一些干扰物质，使提取液清亮透明，达到准确地测量糖类的目的。

（2）澄清剂的要求　除干扰物质完全，不吸附被测糖；过量澄清剂不影响糖类的测量；沉淀颗粒小，操作简便；不改变糖类的比旋光度及理化性质。

3. 实验室常用的澄清剂

（1）中性乙酸铅　适用于植物性的提取液，它可除去蛋白质、单宁、有机酸、果胶。缺点是脱色力差，不能用于深色糖液的澄清，否则加活性炭处理。

（2）碱性乙酸铅　适用于深色的蔗糖溶液，可除色素、有机酸、蛋白质。缺点是沉淀颗粒大，可带走果糖。

（3）乙酸锌和亚铁氰化钾　用于富含蛋白质的提取液，常用于沉淀蛋白质，对乳制品最理想。主要生成亚铁氰化锌（白色沉淀）与蛋白质共同沉淀。

（4）氢氧化铝乳剂是辅助澄清剂。

4. 澄清剂的用量

一般操作时，加澄清剂量多少一定要恰当，用量太少，达不到澄清的目的，用量太多使分析结果产生误差。不同的物质，因干扰物质种类和含量的不同，使用澄清剂的种类和多少也有不同。

三、直接滴定法测定食品中还原糖原理

试样经除去蛋白质后，以亚甲蓝作指示剂，将等量的碱性酒石酸铜甲液、乙液混合时，立即生成天蓝色的氢氧化铜沉淀，这种沉淀立即与酒石酸钾钠反应，生成深蓝色的可溶性酒石酸钾钠铜络合物。此络合物与还原糖共热时，二价铜即被还原糖还原为一价的氧化亚铜沉淀，氧化亚铜与亚铁氰化钾反应，生成可溶性化合物，达到终点时，稍微过量的还原糖将蓝色的亚甲蓝还原成无色，溶液呈淡黄色而指示滴定终点。根据还原糖标准溶液标定碱性酒石酸铜溶液相当于还原糖的质量，以及测定样品液所消耗的体积，计算还原糖含量。

任务实施

此过程参照 GB 5009.7—2016《食品安全国家标准　食品中还原糖的测定》直接滴定法。

GB 5009.7—2016
《食品安全国家标准
食品中还原糖的测定》

一、试剂准备

实验试剂如表 3-22 所示。

表 3-22　　实验试剂

序号	试剂	试剂浓度	试剂配制
1	盐酸溶液	50%	量取盐酸 50mL，加水 50mL 混匀
2	碱性酒石酸铜甲液	—	称取硫酸铜 15g 和亚甲蓝 0.05g，溶于水中，并稀释至 1000mL
3	碱性酒石酸铜乙液	—	称取酒石酸钾钠 50g 和氢氧化钠 75g，溶解于水中，再加入亚铁氰化钾 4g，完全溶解后，用水定容至 1000mL，储存于橡胶塞玻璃瓶中
4	乙酸锌溶液	—	称取乙酸锌 21.9g，加冰乙酸 3mL，加水溶解并定容至 100mL
5	亚铁氰化钾溶液	106g/L	称取亚铁氰化钾 10.6g，加水溶解并定容至 100mL
6	氢氧化钠溶液	40g/L	称取氢氧化钠 4g，加水溶解后，放冷，并定容至 100mL
7	葡萄糖标准溶液	1.0mg/mL	准确称取经过 98~100℃ 烘箱中干燥 2h 后的葡萄糖 1g，加水溶解后加入盐酸溶液 5mL，并用水定容至 1000mL。此溶液每毫升相当于 1.0mg 葡萄糖
8	乳糖标准溶液	1.0mg/mL	准确称取经过 94~98℃ 干燥 2h 的乳糖（含水）1g，加水溶解后加入盐酸溶液 5mL，并用水定容至 1000mL。此溶液每毫升相当于 1.0mg 乳糖（含水）

二、仪器和设备准备

实验仪器和设备如表 3-23 所示。

表 3-23　实验仪器和设备

序号	名称	要求
1	分析天平	感量为 0.1mg
2	酸式滴定管	容量 25mL，最小刻度 0.1mL
3	水浴锅	—
4	可调温电炉	—

三、分析操作

1. 试样制备

称取乳粉试样 2.5~5g（精确至 0.001g）置于 250mL 容量瓶中，加 50mL 水，缓慢加入乙酸锌溶液 5mL 和亚铁氰化钾溶液 5mL，加水至刻度，混匀，静置 30min，用干燥滤纸过滤，弃去初滤液，取后续滤液备用。

2. 碱性酒石酸铜溶液的标定

吸取碱性酒石酸铜甲液 5.0mL 和碱性酒石酸铜乙液 5.0mL，于 150mL 锥形瓶中，加水 10mL，加入玻璃珠 2~4 粒，从滴定管中加葡萄糖约 9mL，控制在 2min 内加热至沸，趁热以每 2s 1 滴的速度继续滴加葡萄糖，直至溶液蓝色刚好褪去为终点，记录消耗葡萄糖的总体积，同时平行操作 3 次，取其平均值，计算每 10mL 碱性酒石酸铜溶液（碱性酒石酸铜甲、乙液各 5mL）相当于葡萄糖的质量（mg）。

注：也可以按上述方法标定 4~20mL 碱性酒石酸铜溶液（甲、乙液各半）来适应试样中还原糖的浓度变化。

3. 试样溶液预滴定

吸取碱性酒石酸铜甲液 5.0mL 和碱性酒石酸铜乙液 5.0mL 于 150mL 锥形瓶中，加水 10mL，加入玻璃珠 2~4 粒，控制在 2min 内加热至沸，保持沸腾。以先快后慢的速度，从滴定管中滴加试样溶液，并保持沸腾状态，待溶液颜色变浅时，以每 2s 1 滴的速度滴定，直至溶液蓝色刚好褪去为终点，记录样品溶液消耗体积。

注：当样液中还原糖浓度过高时，应适当稀释后再进行正式测定，使每次滴定消耗样液的体积控制在与标定碱性酒石酸铜溶液时所消耗的还原糖标准溶液的体积相近，约 10mL 左右，结果按式（3-10）计算；当浓度过低时则采取直接加入 10mL 样品液，免去加水 10mL，再用还原糖标准溶液滴定至终点，记录消耗的体积与标定时消耗的还原糖标准溶液体积之差相当于 10mL 样液中所含还原糖的量，结果按式（3-11）计算。

4. 试样溶液滴定

吸取碱性酒石酸铜甲液 5.0mL 和碱性酒石酸铜乙液 5.0mL，置于 150mL 锥形瓶中，加水 10mL，加入玻璃珠 2~4 粒，从滴定管滴加比预测体积少 1mL 的试样溶液至锥形瓶中，控制在 2min 内加热至沸，保持沸腾，继续以每 2s 1 滴的速度滴定，直至蓝色刚好褪去为终点，记录样液消耗体积（V），同法平行操作三次，求取平均值。

还原糖的测定-样品的制备　　预滴定　　精滴定

四、结果计算

试样中还原糖的含量（以乳糖计）按下式计算：

$$X = \frac{m_1}{m \times F \times \frac{V}{250} \times 1000} \times 100 \tag{3-10}$$

式中　X——试样中还原糖的含量（以乳糖计），g/100g；

m_1——碱性酒石酸铜溶液（甲、乙液各半）相当于某种还原糖的质量，mg；

m——试样质量，g；

F——系数，对含淀粉的食品、碳酸饮料、其他食品为 1，酒精饮料为 0.80；

V——测定时平均消耗试样溶液体积，mL；

250——定容体积，mL；

1000——换算系数。

当浓度过低时，试样中还原糖的含量（以乳糖计）按式（3-11）计算：

$$X = \frac{m_2}{m \times F \times \frac{10}{250} \times 1000} \times 100 \tag{3-11}$$

式中　X——试样中还原糖的含量（以乳糖计），g/100g；

m_2——标定时体积与加入样品后消耗的还原糖标准溶液体积之差相当于某种还原糖的质量，mg；

m——试样质量，g；

F——系数，对淀粉样品、碳酸饮料、其他食品为 1，酒精饮料为 0.80；

10——样液体积，mL；

250——定容体积，mL；

1000——换算系数。

还原糖含量≥10g/100g 时，计算结果保留三位有效数字；还原糖含量<10g/100g 时，计算结果保留两位有效数字。

在重复性条件下获得的两次独立测定结果的绝对差值不得超过算术平均值的5%。

五、数据记录

数据记录表格如表3-24所示。

表3-24　　数据记录表格

<table>
<tr><td>样品编号</td><td></td><td colspan="2">样品名称</td><td colspan="4"></td></tr>
<tr><td>收样日期</td><td></td><td colspan="2">检验日期</td><td colspan="4"></td></tr>
<tr><td>样品状态</td><td></td><td colspan="2">规格数量</td><td colspan="4"></td></tr>
<tr><td>样品批次</td><td colspan="2"></td><td colspan="2">湿度</td><td></td><td>温度</td><td></td></tr>
<tr><td colspan="3">检验依据</td><td colspan="3">检验用仪器设备</td><td colspan="2">检验方法</td></tr>
<tr><td colspan="3"></td><td colspan="3"></td><td colspan="2"></td></tr>
<tr><td rowspan="7">项目分类</td><td colspan="2">计算公式</td><td colspan="5"></td></tr>
<tr><td colspan="2">试验序号</td><td colspan="3">试验1</td><td colspan="2">试验2</td></tr>
<tr><td colspan="2">样品质量 m/g</td><td colspan="3"></td><td colspan="2"></td></tr>
<tr><td colspan="2">碱性酒石酸铜溶液（甲、乙液各半）
相当于某种还原糖的质量 m_1/mg</td><td colspan="5"></td></tr>
<tr><td colspan="2">测定时平均消耗试样溶液体积 V/mL</td><td colspan="3"></td><td colspan="2"></td></tr>
<tr><td colspan="2">试样中还原糖的含量
(以乳糖计)/(g/100g)</td><td colspan="3"></td><td colspan="2"></td></tr>
<tr><td colspan="2">精密度</td><td colspan="5"></td></tr>
</table>

任务评价

乳粉中乳糖的测定评价标准见表3-25。

表3-25　　乳粉中乳糖的测定评价表

评价内容	评价标准	分值	评价记录
试样制备	试样称量准确，定量转移，准确加入乙酸锌和亚铁氰化钾，静置时间足够，分层清晰，弃去初滤液，正确收集滤液	30	
碱性酒石酸铜溶液的标定	准确吸取甲液和乙液，加水正确，标液浓度计算正确	20	
试样溶液预滴定	准确吸取甲液和乙液，加水正确，滴定管滴定速度控制匀速，终点判断正确	20	

续表

评价内容	评价标准	分值	评价记录
试样溶液滴定	准确吸取甲液和乙液，加水正确，滴定管滴定速度控制匀速，终点判断正确	10	
计算及上报结果	运用公式计算，结果正确，保留位数正确，精密度在范围内	20	
合计			

课后巩固

(1) 用直接滴定法测定农产品中还原糖时，标定碱性酒石酸铜溶液的目的是(　　)。

A. 得到碱性酒石酸铜溶液的浓度

B. 得到葡萄糖标准溶液的浓度

C. 得到 10mL 碱性酒石酸铜溶液相当于葡萄糖的质量

D. 得到 10mL 葡萄糖标准溶液相当于碱性酒石酸铜溶液的质量

(2) 以下不是还原糖的是(　　)。

A. 蔗糖　　B. 葡萄糖　　C. 果糖　　D. 乳糖

(3) 用直接滴定法测还原糖应在沸腾状态下滴定，是因为(　　)。

A. 反应需要高温　　B. 降低反应速度

C. 还原糖的氧化能力弱　　D. 亚甲蓝的还原态易被空气氧气

(4) 直接滴定法测定还原糖时，要求样液浓度为(　　)左右，与葡萄糖标准溶液的浓度相近。

A. 0.10%　　B. 1%　　C. 0.1‰　　D. 0.20%

(5) 关于还原糖的测定说法不正确的是(　　)。

A. 滴定到蓝色褪去放置空气中几秒钟后蓝色又出现了，说明终点未到应该继续滴定

B. 整个滴定过程应该保持微沸腾状态

C. 用亚甲蓝作指示剂

D. 碱性酒石酸铜甲、乙液应该分别配制，分别储存

(6) 在标定碱性酒石酸溶液和测定样品还原糖浓度时，都应进行预滴定，其目的是(　　)。

A. 是正式滴定的平行实验，滴定结果可用于平均值的计算

B. 为了提高正式滴定的准确度

C. 为了方便终点的观察

D. 以上都不对

（7）样品需澄清时可以加铜盐作澄清剂吗？

思政小课堂

科学严谨的实验态度

食品检验是对检验样品负责的过程，要求学生有熟练的专业技能和严谨的工作态度。严谨，单字解释严：紧密，没有空隙，严紧、严密、严格、严肃、严正、严明；谨：慎重、小心、谨慎。整体解释：形容态度严肃谨慎，不胡乱说话；做事细致、周全、完善，追求完美。所以，每次检验操作都考验学生严肃、谨慎和追求完美的品质，在教学过程中培养学生优良的、严谨的工作态度和细致耐心的工作作风非常重要。

科学严谨的态度和一丝不苟的精神是一个人能够有所成就的关键因素。“两弹一星”元勋黄纬禄院士遗物中，80 多年前的一本微分方程课堂笔记不仅用全英文记录，而且字迹工整如印刷体一般，这认真的书写是科学严谨的积淀过程。

上海飞机制造有限公司的高级钳工技师胡双钱靠手工打磨大飞机精密零件，35 年日复一日地重复着同一个动作，加工过数十万的飞机零件，但从没有出现过一个次品，这是“大国工匠”科学严谨的制造过程。

项目四

食品中矿物质的测定

任务一 乳酪中钙的测定

任务导入

乳酪是钙含量很高的乳制品，营养价值很高，是补钙的佳品。乳酪是牛乳浓缩的精华，10kg 牛乳提炼发酵才能制成 1kg 乳酪。有几款不同类型的乳酪送到检测中心，你作为一名检验员，想要通过测定钙的含量判断这些乳酪钙含量的高低，你打算怎么做呢？在实验前后，应该注意哪些实验安全呢？

学习目标

❖ 知识目标

1. 掌握乳酪中钙测定的步骤。
2. 明确乳酪中钙测定的原理及意义。

❖ 能力目标

1. 能正确完成消化过程。
2. 会使用火焰原子吸收光谱法测定食品中钙的含量。

❖ 素质目标

1. 在讲解火焰-原子吸收分光光度计时，利用思政小课堂，培养学生的家国情怀和创新精神。
2. 依据原子吸收光谱精密仪器的特点，培养学生正确操作仪器、爱护精密仪器的良好习惯。
3. 火焰法的燃烧气体为乙炔，依据乙炔的特点，培养学生的实验安全意识。

相关知识

一、食品中钙的概述

钙是人体必需的常量元素之一，钙是人体数量最多的矿物质，占体重的1.5%~2%，其中99%存在于骨骼和牙齿中，1%存在于血浆和其他体液中。钙是多种生理活动的参与者，可以维持神经肌肉组织的正常兴奋性；参与调节和维持细胞功能、体液酸碱平衡；参与血液凝固，激素分泌。长期缺钙可导致儿童佝偻病、中老年骨质软化症，长期摄入过量可增加患肾结石的风险。

由于食品种类很多，所以钙含量也不同，自然的食品以牛乳和乳酪所含钙最多，其他食物如干豆类、鱼、豆腐、菜花、甘蓝类蔬菜等都含有丰富的钙。WS/T 578.2—2018《中国居民膳食营养素参考摄入量　第 2 部分：常量元素》中规定18~50 岁成人钙的每日推荐摄入量为 800mg，每日可耐受最高摄入量为 2000mg。

人体的钙含量为 1~1.25kg，占体重 1.5%~2%，钙原子数目仅次于碳、氢、氧、氮四种非金属元素。每千克非脂肪组织中平均钙含量为 20~25g。

现代医学研究表明，钙营养与体内免疫、神经、内分泌、消化、循环、运动、生殖等十多个系统的功能密切相关，钙离子参与生命进化及生命运动的全过程。基础医学与临床医学的研究已证实钙离子对生命的影响巨大，也就是说人类健康离不开钙。

二、火焰-原子吸收分光光度计测定食品中钙的原理

1. 消化过程

消化也称消解，它是将样品与酸、氧化剂、催化剂等共置于回流装置或密闭装置中，加热分解并破坏有机物的一种方法。

2. 消化装置

用于样品消化的仪器设备主要有电热板、马弗炉、高温消化炉，微波消解仪。

3. 测定

试样经消化处理后，加入镧溶液作为释放剂，经原子化器原子化，在 422.7nm 处测定吸光度，在一定浓度范围吸光度内与钙含量成正比。

三、原子吸收分光光度计的介绍

原子吸收分光光度计是根据物质基态原子蒸汽对特征辐射吸收作用来进行金属元素分析。它能够灵敏可靠地测定微量或痕量元素。现已广泛用于各个分析领

域，主要有四个方面：理论研究、元素分析、有机物分析、金属化学形态分析，广泛应用于工业、农业、生化、地质、冶金、环保等各个领域，目前原子吸收分光光度计已成为金属元素分析的强有力工具之一，而且在许多领域已作为标准分析方法。

原子吸收分光光度计一般由五大部分组成（图 4-1），即光源（单色锐线辐射源）、试样原子化器、分光系统、检测器和数据处理系统。

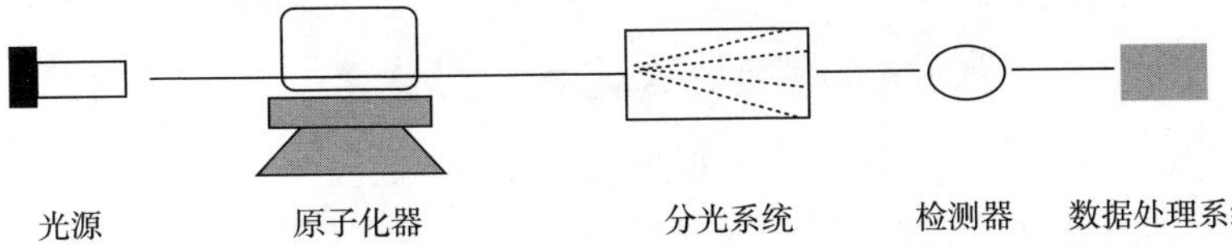

图 4-1　原子吸收分光光度计的组成

原子化器主要有两大类，即火焰原子化器（图 4-2）和电热原子化器。火焰有多种火焰，目前普遍应用的是空气-乙炔火焰。电热原子化器普遍应用的是石墨炉原子化器（图 4-3）。前者的原子化温度在 2100～2400℃，后者在 2900～3000℃。

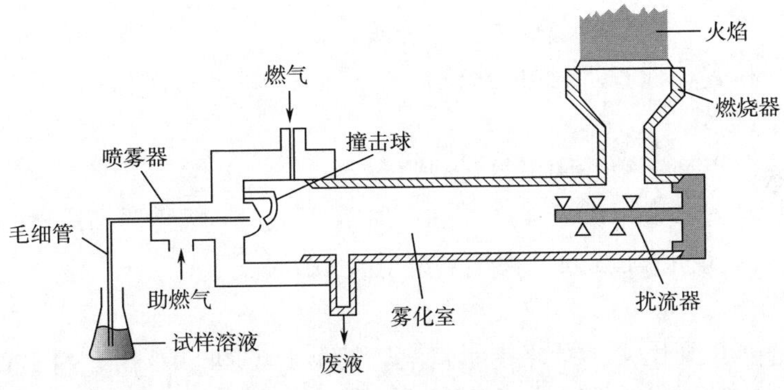

图 4-2　火焰原子化器的组成

火焰-原子吸收分光光度计，利用空气-乙炔测定的元素可达 30 多种，若使用氧化亚氮-乙炔火焰，测定的元素可达 70 多种。但氧化亚氮-乙炔火焰安全性较差，应用不普遍。空气-乙炔火焰原子吸收分光光度法，一般可检测到 μg/mL 级（10^{-6}），精密度 1%左右。国产的火焰-原子吸收分光光度计，都可配备各种型号的氢化物发生器（属电加热原子化器），利用氢化物发生器，可测定砷（As）、锑（Sb）、锗（Ge）、碲（Te）等元素。一般灵敏度在 ng/mL 级（10^{-9}），相对标准偏差 2%左右。

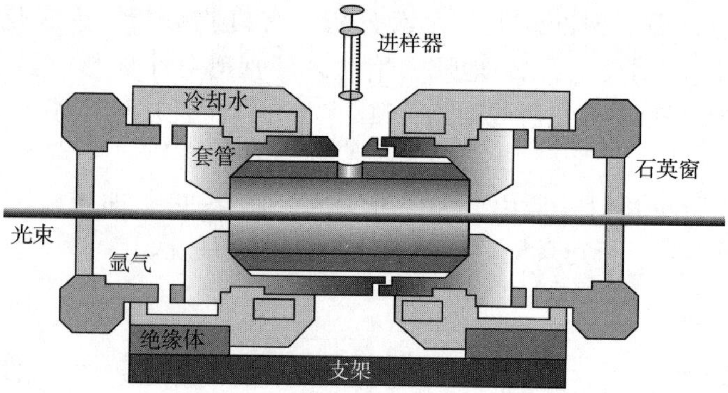

图 4-3　石墨炉原子化器的组成

石墨炉-原子吸收分光光度计，可以测定近 50 种元素。石墨炉法，进样量少，灵敏度高，有的元素也可以分析到 pg/mL 级。

四、火焰-原子吸收分光光度计操作规程（以赛默飞 iCE3500 原子吸收分光光度计为例）

1. 开机前准备

（1）试剂准备　消化液及标准工作曲线。

（2）水封检查　检查水封是否合适。

2. 测样前准备

（1）预热　点亮钙空心阴极灯进行灯预热。

（2）参数设置参考　波长 422.7nm；通带 0.5nm；燃烧器高度 11.0mm；灯电流 100%；燃气流量 1.4L/min；火焰类型空气-乙炔。

3. 具体操作

打开光谱仪电源开关，绿色指示灯亮。打开计算机，双击“SOLAAR”图标，仪器发出“嗡嗡”声进行自检。待图标全部变亮后，自检结束，单击“灯”图标，选择使用灯的灯座位置代码，“状态”为“开”。如需要氘灯进行背景校正，选择“氘灯开”。单击“显示方法”图标进行方法编辑。在“概述”项下输入“方法名称”与“操作者”，“技术”项下选择“火焰”，点击“新建”建立新方法。如方法已建立，在“载入”中寻找此方法，打开即可。如要保存此方法，点击“保存”。在“序列”项下添加待测样品，右键单击“动作”可增加、改变或删除样品批次、校正、空白及试样空白等信息。“光谱仪”项下的“测量吸收”选择“吸收”，在“重复测样次数”中选择检测次数，如需要氘灯，在“背景校正”中选择“四线氘灯”。“火焰”项下的“火焰类型”选择“空气-乙炔”。在“校正”项下设置标准曲线的相关信息，包括“方法”“标准浓度”等。进样管置于空气中或插入水中，调整光路，预热空心阴极灯约10min。打开乙炔气瓶，调节分压约为0.07MPa。打开空压机，调节压力约为0.21MPa。打开通风装置，将进样管插入水中，此时点火按钮（白色）处于闪烁状态，按住3~5s点火，点燃火焰，预热燃烧头约5min。准备工作结束后，单击“分析”启动分析方法，根据提示进行检测。

4. 样品测试

（1）标准曲线的绘制　将钙标准系列溶液按照浓度由低到高的顺序分别导入火焰原子化器，测定吸光度，以标准系列溶液中钙的质量浓度为横坐标，相应的吸光度为纵坐标，制作标准曲线。

（2）样品空白测试　在与标准溶液相同的实验条件下，将空白溶液导入原子化器，测定相应的吸光度。

（3）样品测试　在与标准溶液相同的实验条件下，将试样待测液导入原子化器，测定相应的吸光度，与标准曲线溶液比较定量。

5. 关机前清洗

（1）管路清洗　实验结束后，用水冲洗管路约10min，排空液体，熄灭火焰。关闭空压机开关，关闭乙炔气，按住关闭火焰的按钮几秒钟，将管路内余气排空。

（2）关机　关闭通风装置，关闭空压机的风机开关，压力显示变为0，长按放水口将水放净。依次关闭空心阴极灯、软件、主机。

五、原子吸收分光光度计使用注意事项及维护

（1）点火时先开空气，后开乙炔。关机时先关乙炔后关空气。

（2）点火之前有时需要调整燃烧器位置，使空心阴极灯发出的光线在燃烧缝的正上方。

（3）乙炔钢瓶里充活性炭与丙酮，乙炔溶解在丙酮中，使用时不可以用完，必须留出0.5MPa，否则容易发生危险。

（4）仪器在接入电源时应有良好的接地。

（5）应时刻注意安全，掌握必要的电器常识、急救知识及灭火器的使用方法。

（6）点火时，确保燃烧室防护罩处于关闭的状态，不得在火焰上放置任何东西。

（7）燃烧过程中不可用手接触燃烧器。高温火焰可能产生紫外线，灼伤眼睛，切忌直接观看火焰状态。

（8）火焰熄灭后燃烧器仍有高温，20min内不可触摸。

（9）定期检查乙炔管路是否漏气。实验室最好有乙炔报警器。

任务实施

此过程参照 GB 5009.92—2016《食品安全国家标准　食品中钙的测定》火焰原子吸收光谱法。

GB 5009.92—2016
《食品安全国家标准
食品中钙的测定》

一、试剂准备

实验试剂如表 4-1 所示。

表 4-1　　实验试剂

序号	试剂	试剂浓度	试剂配制	备注
1	水	—	—	GB/T 6682—2008 规定的三级水
2	高氯酸	—	—	优级纯
3	硝酸	—	—	优级纯
4	氧化镧	—	—	优级纯
5	硝酸溶液	5%	量取 50mL 硝酸，加入 950mL 水	优级纯
6	硝酸溶液	50%	量取 500mL 硝酸，加入 500mL 水	优级纯
7	盐酸溶液	50%	量取 500mL 盐酸，加入 500mL 水	优级纯
8	镧溶液	20g/L	称取 23.45g 氧化镧，先用少量水湿润后再加入 75mL 50%盐酸溶液溶解，转入 1000mL 容量瓶中，加水定容至刻度，混匀	优级纯
9	钙标准储备液	1000mg/L	依据标准配制，或者购买有证标准物质	优级纯（纯度>99.99%）
10	钙标准中间液	100mg/L	吸取 10.00mL 钙标准储备液于 100.00mL 容量瓶中，5%硝酸溶液定容至刻度	—
11	钙标准系列溶液	0，0.500，1.00，2.00，4.00，6.00mg/L	分别吸取钙标准中间液 0，0.500，1.00，2.00，4.00，6.00mL 于 100.00mL 容量瓶中，向各容量瓶中加入 5mL 镧溶液（20g/L）并用 5%硝酸溶液定容至刻度	优级纯

二、仪器和设备准备

实验仪器和设备如表 4-2 所示。

表 4-2　　　　实验仪器和设备

序号	名称	要求	备注
1	原子吸收光谱仪	火焰原子化器，钙空心阴极灯	
2	分析天平	感量为 1mg 和 0.1mg	
3	可调式电炉		
4	分析用乙炔气和空气压缩机		

三、分析操作

1. 试样处理

准确称取乳酪样品 0.2~3g（精确至 0.001g）于带刻度消化管中，加入 10mL 硝酸，0.5mL 高氯酸，在可调式电热炉上消化（参考条件：120℃/0.5~1h，升至 180℃/2~4h，升至 200~220℃）。若消化液呈棕褐色，再加硝酸直至冒白烟，消化液呈无色透明或略带黄色，取出消化管放冷后用水定容至 25mL，再根据实际需要进行稀释，并在稀释液中加入一定体积的镧溶液（20g/L），使其在最终稀释液中的浓度为 1g/L，混匀备用，此为试样待测液。

2. 标准曲线的制作

将钙标准系列溶液按浓度由低到高的顺序分别导入火焰原子化器，测定吸光度，以标准系列溶液中钙的质量浓度为横坐标，相应的吸光度为纵坐标，制作标准曲线。

3. 试样溶液的测定

在与测定标准系列溶液相同的实验条件下，将空白溶液和试样待测液分别导入原子化器，测定相应的吸光度，与标准曲线比较定量。

四、结果计算

试样中钙的含量按式（4-1）进行计算：

$$X = \frac{(\rho - \rho_0) \times f \times V}{m} \tag{4-1}$$

式中　X——试样中钙的含量，mg/kg；

ρ——试样待测液中钙的质量浓度，mg/L；

ρ_0——空白溶液中钙的质量浓度，mg/L；

f——试样消化液的稀释倍数；

V——试样消化液的定容体积，mL；

m——试样质量，g。

当钙含量≥10.0mg/kg 时，计算结果保留三位有效数字，当钙含量<10.0mg/kg 时，计算结果保留两位有效数字。

在重复性条件下获得的两次独立测定结果的绝对差值不得超过算术平均值的 10%。

五、数据记录

数据记录如表 4-3 所示。

表 4-3　　数据记录表格

<table>
<tr><td>样品编号</td><td></td><td colspan="2">样品名称</td><td colspan="3"></td></tr>
<tr><td>收样日期</td><td></td><td colspan="2">检验日期</td><td colspan="3"></td></tr>
<tr><td>样品状态</td><td></td><td colspan="2">规格数量</td><td colspan="3"></td></tr>
<tr><td>样品批次</td><td colspan="2"></td><td>湿度</td><td></td><td>温度</td><td></td></tr>
<tr><td colspan="3">检验依据</td><td colspan="2">检验用仪器设备</td><td colspan="2">检验方法</td></tr>
<tr><td colspan="3"></td><td colspan="2"></td><td colspan="2"></td></tr>
<tr><td rowspan="9">项目分类</td><td colspan="2">计算公式</td><td colspan="4"></td></tr>
<tr><td colspan="2">试验序号</td><td colspan="2">试验 1</td><td colspan="2">试验 2</td></tr>
<tr><td colspan="2">样品质量/g</td><td colspan="2"></td><td colspan="2"></td></tr>
<tr><td colspan="2">试样待测液中钙的质量浓度/(mg/L)</td><td colspan="2"></td><td colspan="2"></td></tr>
<tr><td colspan="2">空白溶液中钙的质量浓度/(mg/L)</td><td colspan="4"></td></tr>
<tr><td colspan="2">试样消化液的稀释倍数</td><td colspan="2"></td><td colspan="2"></td></tr>
<tr><td colspan="2">试样消化液的定容体积/mL</td><td colspan="2"></td><td colspan="2"></td></tr>
<tr><td colspan="2">试样中钙的含量/(mg/kg)</td><td colspan="2"></td><td colspan="2"></td></tr>
<tr><td colspan="2">精密度</td><td colspan="4"></td></tr>
</table>

任务评价

乳酪中钙的测定评价标准见表 4-4。

表 4-4　　乳酪中钙的测定评价表

评价内容	评价标准	分值	评价记录
样品处理	准确称取样品，安全加入硝酸和高氯酸	5	
	正确设置消解条件	5	
	准确判断消解程度和消解结果	5	
	完全转移及定容消解液	5	

续表

评价内容	评价标准	分值	评价记录
标准系列溶液的制备	正确使用直接配制法配制钙标准储备液	5	
	正确使用吸量管、正确使用容量瓶，正确制备中间液	5	
	正确吸取不同体积的中间液，正确使用容量瓶，正确定容，正确制备标准系列溶液	5	
标准曲线的制作	正确开关气，正确设置原子吸收光谱仪的条件和样品条件，正确进样	20	
试样溶液的测定	正确进样	20	
计算及上报结果	根据公式计算，结果正确，保留位数正确，精密度在范围内	20	
	相关系数大于 0.999	5	
合计			

课后巩固

(1) 原子吸收分光光度法测定钙的分析线波长为（　　）。

A. 213.8nm　　B. 248.3nm　　C. 285.0nm　　D. 422.7nm

(2) 原子吸收分光光度计的单色器安装位置在（　　）。

A. 空心阴极灯之后　　B. 原子化器之前

C. 原子化器之后　　D. 光电倍增管之后

(3) 为了提高测定灵敏度，空心阴极灯的工作电流应（　　）。

A. 越大越好　　B. 越小越好

C. 为额定电流的 40%~60%　　D. 无要求

(4) 与有机物或易氧化的无机物接触时会发生剧烈爆炸的酸是（　　）。

A. 热的高氯酸　　B. 硫酸　　C. 硝酸　　D. 盐酸

(5) 原子吸收分析中光源的作用是（　　）。

A. 提供试样蒸发和激发所需的能量

B. 在广泛的光谱区域内发射连续光谱

C. 发射待测元素基态原子所吸收的特征共振辐射

D. 产生紫外线

(6) 农产品中钙的检测标准方法可选用的方法有（　　）。

A. 气相色谱法　　B. 液相色谱法

C. 原子吸收分光光度法　　D. 电感耦合等离子体质谱法

(7) 下列关于原子吸收分光光度计说法错误的是（　　）。

A. 原子吸收分光光度计的光源主要是空心阴极灯

B. 雾化器的作用是使试液雾化

C. 测定时，火焰的温度越高越有利于测定

D. 火焰原子化法检测灵敏度通常高于火焰法

(8) 实验工作中不小心烫伤或烧伤，轻度的皮肤红肿时，下面处理不正确的是（　　）。

A. 用95%乙醇涂抹

B. 用95%的乙醇浸湿纱布盖于伤处

C. 可用冷水止痛

D. 用3%的碳酸氢钠溶液浸泡

(9) 在火焰原子吸收光谱法分析中较常用的空气-乙炔火焰从燃烧比例上分为哪几种类型？火焰法经常测定的钙应如何选择火焰类型？

(10) 火焰原子吸收光谱法分析中雾化器提升量很低可能是哪些因素造成的？应如何调节？

(11) 火焰原子吸收光谱法测钙加入镧盐的作用？

(12) 作为原子吸收分光光度计的操作员，如果你发现原子吸收分光光度计的吸光度降低，你打算怎么办？

思政小课堂

培养家国情怀，勇于创新

2016年3月17日，从上海光谱仪器有限公司传来好消息：我国第一台在国内市场销售的高性能全自动火焰/石墨炉原子吸收光谱仪正式下线，并交付用户。该产品不仅标志着我国的高端大型仪器已经走向世界，开始与国际知名品牌一较高下，更意味着在国内高端产品市场，国产品牌与国际知名品牌的同台竞技也拉开了序幕。产品是上海光谱仪器有限公司在国际版产品基础上，在产品质量、可靠性和产品性能与功能经过国际市场检验，被广泛认可的情况下，根据国内市场特点进行汉化的中国版高端原子吸收产品。产品一经介绍即被国内用户所接受，并在国内的几次招投标中，连续多次击败国外品牌，中标赢得产品供应权。这不仅代表了国内国产原子吸收自动化技术的最高水平，也让国产的高端原子吸收光谱站在与国际知名品牌比肩的高度。

任务二 乳粉中铜的测定

任务导入

铜的离子（铜质）对生物而言，不论是动物或植物，是必需的元素。人体缺乏铜会引起贫血、毛发异常、骨和动脉异常、以致脑障碍。但若过剩，会引起肝硬化、腹泻、呕吐、运动障碍和知觉神经障碍。一般来说，牛肉、葵花籽、可可、黑椒、羊肝等都有丰富的铜质。

当然，铜作为重金属，摄入过量也会有危害。铜离子会使蛋白质变性。如硫酸铜对胃肠道有刺激作用，误服引起恶心、呕吐、口内有金属味、胃烧灼感；严重者有腹绞痛、呕血、黑便；可造成严重肾损害和溶血，出现黄疸、贫血、肝大、血红蛋白尿、急性肾功能衰竭和尿毒症，对眼和皮肤有刺激性。长期接触可发生接触性皮炎和鼻、眼黏膜刺激并出现胃肠道症状。

你作为一名检验员，想要通过测定乳粉中的铜含量判断其是否符合标准，确认这批乳粉的质量安全。在使用原子吸收分光光度计时应该注意哪些安全事项？

学习目标

❖ 知识目标

1. 了解铜测定的意义及原理。
2. 掌握乳粉中铜测定的步骤。

❖ 能力目标

1. 能正确完成微波消解过程。
2. 正确使用安全防护措施。
3. 能正确使用石墨炉原子吸收光谱法测定食品中铜的含量。

❖ 素质目标

1. 依据原子吸收光谱精密仪器的特点，培养学生正确操作仪器、爱护精密仪器的良好习惯。

2. 利用标准曲线的相关性和结果的关系，培养学生正确操作、精益求精和工匠精神。

相关知识

一、食品中铜的概述

铜是一种金属元素，也是一种过渡元素，化学符号 Cu，英文 copper，原子序数 29。纯铜是柔软的金属，表面刚切开时为红橙色，带金属光泽，单质呈紫红色，延展性好，导热性和导电性高，因此在电缆和电气、电子元件是最常用的材料，也可用作建筑材料，可以组成多种合金。铜合金机械性能优异，电阻率很低，其中最重要的数青铜和黄铜。此外，铜也是耐用的金属，可以多次回收而无损其机械性能。

铜是人体必需的微量矿物质，在摄入后 15min 即可进入血液中，同时存在于红血球内外，可帮助铁质传递蛋白，在血红素形成过程中扮演催化的重要角色。而且在食物烹饪过程中，铜元素不易被破坏掉。

二、原子吸收分光光度法测定食品中铜的原理

试样消解处理后，经石墨炉原子化，在 324. 8nm 处测定吸光度。在一定浓度范围内铜的吸光度与铜含量成正比，与标准系列比较定量。

三、原子吸收分光光度计操作规程（以赛默飞 iCE 3500 原子吸收分光光度计为例）

1. 开机

打开电脑、光谱仪和石墨炉电源开关，左手样品室“standby”和“FCI”LED 灯闪烁。双击“SOLAAR”图标，仪器进行自检。待图标全部变亮后，自检结束，关闭“向导”界面；

2. 点灯

同本项目任务一相关知识四、3。

3. 编辑方法

单击“显示方法”图标进行方法编辑。在“概述”项下输入“方法名称”与“操作者”，“技术”项下选择“石墨炉”，“自动进样器”项下选择“石墨炉”。

点击“新建”建立新方法，选择所检测元素，如方法已建立，在“载入”中寻找此方法，打开即可；如要保存此方法，点击“保存”。

在“序列”项下“校正”动作后面添加待测样品。右键单击“插入动作”（可增加、改变或删除样品批次、校正、空白及式样空白等信息），选择“试样”并输入“样品数目”。

再点击右下角“ALSG”自动进样器位置图标，根据“自动进样器装载指导界面”提示，设置实际“主标准”“试样”“稀释”“空白”等放置位置，再“关闭”。

“光谱仪”项下的“测量方式”选择“吸收”，在“重复测样次数”中选择检测次数 1（测量时间、波长、灯电流和通带一般为默认参数）“背景校正”石墨炉

法可选择四线氘灯。

点击“菜谱”，查看该检测元素对应浓度、产生多大光度和程序设立，可用于参考。

“石墨炉”项下的“石墨炉程序”加热程序一般有“干燥”“灰化”“原子化”和“净化”四个步骤。温度设置在上述菜谱中有提示。

在“校正”项下设置标准曲线的相关信息，“方法”选择“一般：线性最小二乘法拟合”，“浓度单位”“标准”按实际配制浓度点数量设置（一般至少5个点）及“标准浓度”等；在“进样”项下设置进样的相关信息，“进样准备”选择“稀释”，“标准制备”选择“固定体积”。确认“体积”中显示的各溶液体积是否合适。完成上述参数设置后，在“概述”项下输入方法名称，确认后保存。

点击“方法库”，选择新建的方法，点击“载入”即可。

4. 分析过程

（1）打开高纯氩气（压力一般为0.1MPa，钢瓶压力在1~2MPa时不能用）和冷却循环水开关。

（2）清洗石墨炉炉头和控温窗口或更换石墨管。

（3）清洗并准直进样针。

（4）先用棉签蘸分析纯乙醇将进样针外壁和针头擦拭数次。

（5）点击“调整光路”图标，调整光路。

（6）点击桌面摄像头图标，“GFIV”弹出可视系统。

（7）点击“准直进样针”图标，通过进样器上面的三个螺丝上下、前后、左右准直进样针位置，直到“GFTV”中看到自动进样针在石墨管中处于最佳位置（换石墨管或自动进样器有变动都需准直进样针）；反复几次，确认进样针位置最佳。点击“清洗”按钮2~3次，清洗自动进样针。

（8）点击“净化石墨管”按钮，净化石墨管。

（9）正式开始样品分析前，可放入空样品盘、纯水或空白，点击“单次进样”，根据数据结果确认系统和冷却循环水是否存在问题。

（10）样品分析，单击“分析”启动分析方法，仪器按照设置的方法自动完成分析。实验结束后，点击“查看数据”可显示结果，点击“文件打印选项”即可给出报告。

5. 关机

关闭冷却循环水和氩气的开关，关闭空气阴极灯、“SOLAAR”软件、电脑和仪器主机，移走试样。

实验操作过程有其枯燥乏味的一面，有时需要不断的操作训练、不断的重复，有时一个简单的数据需要花费巨大的精力来完成。一次成功的实验，要求精湛的操作技能，较高的专业水平，并需严格遵守操作规程。所以在日常的教学过程中，要时刻提醒学生规范操作、实事求是记录数据、保持对数据的敏感等，保证检验结果的准确性。

任务实施

此过程参照 GB 5009. 13—2017《食品安全国家标准　食品中铜的测定》石墨炉原子吸收光谱法。

GB 5009. 13—2017《食品安全国家标准 食品中铜的测定》

一、试剂准备

实验试剂如表 4-5 所示。

表 4-5　　实验试剂

序号	试剂	试剂浓度	试剂配制	备注
1	水	—	—	GB/T 6682—2008 规定的三级水
2	硝酸	—	—	优级纯
3	双氧水	—	—	分析纯
4	硝酸溶液	5%	取 50mL 硝酸，缓慢加入 950mL 水中，混匀	分析纯
5	硝酸溶液	50%	量取 250mL 硝酸，缓慢加入 250mL 水中，混匀	分析纯
6	铜标准储备液	1000mg/L	准确称取 3. 9289g（精确至 0. 0001g）无水硫酸铜，用少量硝酸溶液（50%）溶解，移入 1000mL 容量瓶中，加水至刻度，混匀	
7	铜标准中间液	1. 00mg/L	准确吸取铜标准储备液（1000mg/L）1. 00mL 于 1000mL 容量瓶中，加硝酸溶液（5%）至刻度，混匀	
8	铜标准系列溶液		分别吸取铜标准中间液（1. 00mg/L）0，0. 500，1. 00，2. 00，3. 00，4. 00mL 于 100mL 容量瓶中，加硝酸溶液（5%）至刻度，混匀。此铜标准系列溶液的质量浓度分别为 0，5. 00，10. 0，20. 0，30. 0，40. 0μg/L	

二、仪器与设备准备

实验仪器与设备如表 4-6 所示。

表 4-6　　实验仪器与设备

序号	名称	要求
1	天平	感量为 0.1mg
2	微波消解系统	带微波消解罐
3	原子吸收分光光度计	带石墨炉
4	铜空心阴极灯	—
5	电热板	可调式

三、分析操作

1. 试样处理

精密称取乳粉样品于微波消解罐中，加入 5mL 硝酸，2mL 过氧化氢，拧紧塞子，按顺序放到样品盘上，将样品盘放入微波消解罐中，按照设置好的程序消解试样。冷却后取出消解罐，在电热板上于 140~160℃ 赶酸至 1mL 左右，消解罐放冷后，将消化液转移至 10mL 容量瓶中，用少量 1%硝酸洗涤消解罐 2~3 次，合并洗液于容量瓶中，用 1%硝酸定容至刻度，摇匀备用。同时做试剂空白试验。

2. 测定

以铜标准系列溶液浓度为横坐标，对应的吸光度为纵坐标绘制标准曲线。曲线相关系数为 0.9986，达到仪器的要求。

调整好仪器最佳状态，在结果数据组中读取样品对应的质量浓度。

四、结果计算

试样中铜的含量按式（4-2）计算：

$$X = \frac{(\rho - \rho_0) \times V}{m \times 1000} \tag{4-2}$$

式中　X——试样中铜的含量，mg/kg；

ρ——测定液中铜元素的质量浓度，μg/L；

ρ_0——空白溶液中铜元素的质量浓度，μg/L；

V——试样消化液的定容体积，mL；

m——试样质量，g；

1000——换算系数。

当铜含量≥1.00mg/kg 时，计算结果保留三位有效数字；当铜含量<1.00mg/kg 时，计算结果保留两位有效数字。

在重复性条件下获得的两次独立测定结果的绝对差值不得超过算数平均值的 20%。

五、数据记录

数据记录如表 4-7 所示。

表 4-7　　数据记录表格

<table>
<tr><td>样品编号</td><td></td><td colspan="2">样品名称</td><td colspan="3"></td></tr>
<tr><td>收样日期</td><td></td><td colspan="2">检验日期</td><td colspan="3"></td></tr>
<tr><td>样品状态</td><td></td><td colspan="2">规格数量</td><td colspan="3"></td></tr>
<tr><td>样品批次</td><td colspan="2"></td><td>湿度</td><td></td><td>温度</td><td></td></tr>
<tr><td colspan="3">检验依据</td><td colspan="2">检验用仪器设备</td><td colspan="2">检验方法</td></tr>
<tr><td colspan="3"></td><td colspan="2"></td><td colspan="2"></td></tr>
<tr><td rowspan="8">项目分类</td><td colspan="2">计算公式</td><td colspan="4"></td></tr>
<tr><td colspan="2">试验序号</td><td colspan="2">试验 1</td><td colspan="2">试验 2</td></tr>
<tr><td colspan="2">样品质量/g</td><td colspan="2"></td><td colspan="2"></td></tr>
<tr><td colspan="2">测定液中铜元素的质量浓度/(μg/L)</td><td colspan="2"></td><td colspan="2"></td></tr>
<tr><td colspan="2">空白溶液中铜元素的质量浓度/(μg/L)</td><td colspan="4"></td></tr>
<tr><td colspan="2">试样消化液的定容体积/mL</td><td colspan="2"></td><td colspan="2"></td></tr>
<tr><td colspan="2">试样中铜的含量/(mg/kg)</td><td colspan="2"></td><td colspan="2"></td></tr>
<tr><td colspan="2">精密度</td><td colspan="4"></td></tr>
</table>

任务评价

乳粉中铜的测定评价标准见表 4-8。

表 4-8　　乳粉中铜的测定评价表

评价内容	评价标准	分值	评价记录
样品处理	称量准确，加入酸和过氧化氢， 正确设置升温程序，正确赶酸	30	
制作标准曲线	正确使用原子吸收光谱仪，标液进样正确	20	

续表

评价内容	评价标准	分值	评价记录
测定样液	样液进样正确	20	
计算及上报结果	运用公式计算结果，保留位数正确，精密度在范围内	30	
合计			

课后巩固

(1) 石墨炉原子吸收光谱法测定铜样品消解时，加（　　）使有机物分解。

A. 1%盐酸溶液　　B. 1%硝酸溶液

C. 1%硫酸溶液　　D. 混合酸

(2) 原子吸收分光光度计由（　　）组成。

A. 光源（单色锐线辐射源）　　B. 试样原子化器

C. 单色仪　　D. 数据处理系统。

(3) 电离属于（　　）。

A. 光谱干扰　　B. 基本干扰

C. 化学干扰　　D. 以上都不是

(4) 实验室危险药品应分类储藏，下面试剂储藏正确的是（　　）。

A. 高氯酸、氯酸钾放置于砂箱中

B. 乙醇、乙醚、苯等储放于密闭柜中

C. 高氯酸、双氧水、乙醚、乙醇混放

D. 氯酸钾与磷和苯混放

(5) 实验室内乙炔气着火，只可选用下列的（　　）灭火。

A. 水　　B. 干粉灭火器

C. 泡沫灭火器　　D. 酸碱式灭火器

(6) 原子吸收的火焰温度高，灵敏度也高。（　　）

(7) 单色光通过有色溶液时，吸光度与溶液浓度呈正比。（　　）

(8) 易解离的碱金属元素宜用贫燃火焰测试。（　　）

(9) 原子化器主要有哪几大类？分别有哪些特点？

(10) 作为仪器的操作员，如果你发现原子吸收分光光度计点火失败，你打算怎么办？

项目五

食品中有害物质的测定

任务一 茶叶中铅的测定

任务导入

茶叶具有多种保健和养生功能，其品种繁多，各有特色。随着广大消费者对茶叶需求的增加，保障茶叶质量安全问题越来越受到关注。农药残留、有害重金属残留、有害微生物、非茶异物和粉尘污染是造成茶叶质量和安全问题的主要原因，尤其是农药残留、重金属残留等问题是消费者长期关注的焦点问题。为了提高茶叶品质，加强检测非常重要。茶叶企业要收购茶叶，需对茶叶进行铅、汞、砷等重金属的检测，以判断茶叶品质，以重金属铅为例，你作为一名检验员打算怎么做？

学习目标

❖ 知识目标

1. 了解石墨炉原子吸收光谱法测定铅的原理和步骤。
2. 掌握铅测定的流程。

❖ 能力目标

1. 能正确进行样品的消化。
2. 能正确使用原子吸收光谱仪。
3. 能进行正确的数据处理。

❖ 素质目标

1. 通过思政小课堂培养学生对实验室废物处理重要性的认识，深刻领会“绿水青山就是金山银山”理念。

2. 实验以小组为单位完成任务单、试验方案书写，任务实施、任务评价，培养学生团队协作精神。

相关知识

一、铅的测定意义

铅对生物体内许多器官组织都具有不同程度的损害作用，尤其是对造血系统、神经系统和肾脏的损害尤为明显。铅对造血系统的毒性主要表现为贫血与溶血，这是人体铅中毒的早期特征。铅对中枢和外周神经系统有直接的毒性作用，食品铅污染所致的中毒主要是慢性损害作用，临床上表现为贫血、神经衰弱、神经炎和消化系统症状；中度以上中毒者可出现多发性神经炎，严重者甚至损害桡神经或脊髓前角细胞，导致“铅麻痹”。儿童对铅的吸收率较高，对铅有特殊的易感性，铅中毒的儿童表现为生长迟缓、视力发育迟缓、学习能力降低、精神呆滞、癫痫和神经萎缩等。同时，数据显示，铅还具有生殖毒性、胚胎毒性、致畸和致癌作用。

鉴于以上铅对人体的危害，只有通过食品中铅含量的测定，才能发现食品是否被铅污染，避免铅的污染对人体造成的危害。

二、用石墨炉原子吸收光谱法检测茶叶中铅含量的原理

试样消解处理后，经石墨炉原子化，在 283. 3nm 处测定吸光度。在一定浓度范围内铅的吸光度与铅含量成正比，与标准系列比较定量。

三、 原子吸收分光光度计操作规程（以岛津 AA-7000 原子吸收分光光度计为例）

1. 使用前准备

（1）确认液罐中有足够的超纯水用于连续工作。

（2）确认废液桶有足够空间容纳废液。

（3）在开机前进行石墨锥的清洁工作。

（4）检查是否已安装所需元素灯。

（5）确认冷却循环水泵中有足够的水用于连续工作。

（6）确认氩气罐中有足够的氩气用于连续工作。

（7）确认乙炔气罐中有足够的乙炔气用于连续工作。

2. 操作步骤

（1）依次打开冷却循环水泵、氩气气罐，并打开仪器开关、“ASC”电源开关、“GFA”电源开关和加热开关。

（2）打开桌面“WizAArd”软件，选择检测元素，编辑相关检测参数（包括灯电流的设置、升温程序的设置等）。

（3）连接仪器，仪器自动进入自检程序。

（4）仪器自检完毕，进行石墨炉原点位置的调节。

（5）石墨炉原点位置调节完毕，调节石墨炉喷嘴位置。

（6）设置点灯方式为“BGC-D2”，进行谱线搜索，搜索完毕预热 10~25min（依温度、季节而定）。

（7）预热完毕，清洁并检测石墨管是否可以满足分析要求。

（8）制作标准曲线并分析样品。

（9）分析完毕打印实验数据，保存好实验数据；依次关闭软件、仪器开关以及各个分析单元、气罐的开关。

3. 维护保养/注意事项

（1）定期检查石墨管的使用情况，不符合使用要求的石墨管应该及时更换。

（2）定期检查冷却循环水泵中的水位情况，确保有足够的冷却循环水。

（3）定期清洁石墨炉的控温探头。

食品检验检测项目的开展，需要各种知识和各方能力的协同配合。项目开展前，须了解项目内容、查找相关资料、做好项目计划。实施过程中，协调各方人员、做好任务分工，确保项目顺利开展。项目完成后，须认真检查过程疏漏、调整实施方法。通过反复多次的项目训练，让学生在具体的工作任务中，通过切实的行动形成良好的工作习惯，牢固树立“精益求精”的职业精神。

任务实施

此过程参照 GB 5009.12—2023《食品安全国家标准　食品中铅的测定》石墨炉原子吸收光谱法。

GB 5009.12—2023
《食品安全国家标准
食品中铅的测定》

一、试剂准备

实验试剂如表 5-1 所示。

表 5-1　实验试剂

序号	试剂	试剂浓度	试剂配制	备注
1	水	—	—	GB/T 6682—2008 规定的二级水

续表

序号	试剂	试剂浓度	试剂配制	备注
2	硝酸溶液	5%	量取 50mL 硝酸，缓慢加入到 950mL 水中，混匀	优级纯
2	硝酸溶液	10%	量取 50mL 硝酸，缓慢加入到 450mL 水中，混匀	优级纯
3	高氯酸	—	—	优级纯
4	磷酸二氢铵-硝酸钯溶液	—	称取 0.02g 硝酸钯，加少量 10%硝酸溶液溶解后，再加入 2g 磷酸二氢铵，溶解后用 5%硝酸溶液定容至 100mL，混匀	优级纯；磷酸二氢铵-硝酸钯溶液
5	硝酸铅 [Pb (NO_3)$_2$] 标准溶液	铅标准储备液（1000mg/L）	准确称取 1.5985g（精确至 0.0001g）硝酸铅，用少量 10%硝酸溶液溶解，移入 1000mL 容量瓶，加水至刻度，混匀	
		铅标准中间液（10.0mg/L）	准确吸取铅标准储备液 1.00mL 于 100mL 容量瓶中，用 5%硝酸溶液定容至刻度，混匀	
		铅标准使用液（1.00mg/L）	准确吸取铅标准中间液 10.00mL 于 100mL 容量瓶中，加 5%硝酸溶液至刻度，混匀	
		铅标准系列溶液	分别吸取铅标准使用液（1.00mg/L）0，0.2，0.5，1.0，2.0 和 4.0mL 于 100mL 容量瓶中，加 5%硝酸溶液至刻度，混匀	此铅标准系列溶液的质量浓度分别为 0，2.0，5.0，10.0，20.0 和 40.0μg/L

注：①硝酸铅 [Pb (NO_3)$_2$，CAS 号：10099-74-8]，纯度>99.99%，或经国家认证并授予标准物质证书的一定浓度的铅标准溶液。

②可根据仪器的灵敏度及样品中铅的实际含量确定标准系列溶液中铅的质量浓度。

二、仪器和设备准备

实验仪器和设备如表 5-2 所示。

表 5-2　　实验仪器和设备

序号	名称	要求
1	原子吸收光谱仪	配石墨炉原子化器，附铅空心阴极灯
2	天平	感量为 0.1mg 和 1mg
3	电热板	可调式

续表

序号	名称	要求
4	恒温干燥箱	—
5	压力消解罐	配聚四氟乙烯消解内罐

三、分析操作

1. 试样制备

取茶叶样品后，经高速粉碎机粉碎均匀。

2. 试样处理

称取茶叶样品0.2~2g（精确至0.001g）于消解内罐中，加入5mL硝酸，盖好内盖，旋紧不锈钢外套，放入恒温干燥箱，于140~160℃下保持4~5h。冷却后缓慢旋松外罐，取出消解内罐，放在可调式电热板上于140~160℃赶酸至近干。冷却后将消化液转移至10mL容量瓶中，用少量水洗涤内罐和内盖2~3次，合并洗涤液于容量瓶中并用水定容至刻度，混匀备用。同时做试剂空白试验。

3. 测定

（1）仪器参考条件　根据各自仪器性能调至最佳状态。参考条件如表5-3所示。

表5-3　石墨炉原子吸收光谱法仪器参考条件

元素	波长/nm	狭缝/nm	灯电流/mA	干燥	灰化	原子化
铅（Pb）	283.3	0.5	8~12	85~120℃/40~50s	750℃/20~30s	2300℃/4~5s

（2）标准曲线的制作　按质量浓度由低到高的顺序分别将10μL铅标准系列溶液和5μL磷酸二氢铵-硝酸钯溶液（可根据所使用的仪器确定最佳进样量）同时注入石墨炉，原子化后测其吸光度，以质量浓度为横坐标，吸光度为纵坐标，制作标准曲线。

（3）试样溶液的测定　在与测定标准系列溶液相同的实验条件下，将10μL空白溶液或试样溶液与5μL磷酸二氢铵-硝酸钯溶液（可根据所使用的仪器确定最佳进样量）同时注入石墨炉，原子化后测其吸光度，与标准曲线比较定量。

样品前处理　　铅的测定-标准系列溶液的制备　　消解液的处理

四、结果计算

试样中铅的含量按式（5-1）计算：

$$X = \frac{(\rho - \rho_0) \times V}{m \times 1000} \tag{5-1}$$

式中 X——试样中铅的含量，mg/kg；

ρ——试样溶液中铅的质量浓度，μg/L；

ρ_0——空白溶液中铅的质量浓度，μg/L；

V——试样消化液的定容体积，mL；

m——试样质量，g；

1000——换算系数。

当铅含量≥1.00mg/kg 时，计算结果保留三位有效数字；当铅含量<1.00mg/kg 时，计算结果保留两位有效数字。

样品中铅含量>1mg/kg 时，在重复性条件下获得的两次独立测定结果的绝对差值不得超过算术平均值的 10%；0.1mg/kg<铅含量≤1mg/kg 时，在重复性条件下获得的两次独立测定结果的绝对差值不得超过算术平均值的 15%；铅含量≤0.1mg/kg 时，在重复性条件下获得的两次独立测定结果的绝对差值不得超过算术平均值的 20%。

五、其他

当称样量为 0.5g，定容体积为 10mL 时，方法的检出限为 0.02mg/kg，定量限为 0.04mg/kg。

六、数据记录

数据记录表如表 5-4 所示。

表 5-4　　数据记录表格

<table>
<tr><td>样品编号</td><td></td><td colspan="2">样品名称</td><td colspan="3"></td></tr>
<tr><td>收样日期</td><td></td><td colspan="2">检验日期</td><td colspan="3"></td></tr>
<tr><td>样品状态</td><td></td><td colspan="2">规格数量</td><td colspan="3"></td></tr>
<tr><td>样品批次</td><td colspan="2"></td><td>湿度</td><td></td><td>温度</td><td></td></tr>
<tr><td colspan="3">检验依据</td><td colspan="2">检验用仪器设备</td><td colspan="2">检验方法</td></tr>
<tr><td colspan="3"></td><td colspan="2"></td><td colspan="2"></td></tr>
</table>

续表

项目分类	试验序号	试验1	试验2
	计算公式		
	试样溶液中铅的质量浓度/(μg/L)		
	空白溶液中铅的质量浓度/(μg/L)		
	试样消化液的定容体积/mL		
	试样质量/g		
	试样中铅的含量/(mg/kg)		
	精密度		

任务评价

茶叶中铅的测定评价标准见表5-5。

表5-5　茶叶中铅的测定评价表

评价内容	评价标准	分值	评价记录
样品处理	称量准确，准确加入酸，正确设置升温程序，消解结果判断正确	30	
制作标准曲线	正确使用原子吸收光谱仪，标液进样正确	20	
测定样液	样液进样正确	20	
计算及上报结果	运用公式计算结果，保留位数正确，精密度在范围内	30	
合计			

课后巩固

（1）铅标准储备液（1000mg/L）：准确称取1.5985g（精确至0.0001g）硝酸铅，用少量（　　）溶解，移入1000mL容量瓶，加水至刻度，混匀。

（2）铅标准中间液（1.00mg/L）：准确吸取铅标准储备液（1000mg/L）1.00mL于1000mL容量瓶中，加（　　）至刻度，混匀。

（3）湿法消解试样时，消化液呈（　　）或（　　），取出消化管，冷却后用水定容至10mL，混匀备用。

（4）和火焰原子吸收光谱法比较，为什么石墨炉原子吸收光谱法方法更适合测定铅的含量？

思政小课堂

加强实验室废物处理，深刻领会环境安全的重要性

1956年，水俣湾附近发现了一种奇怪的病。这种病症最初出现在猫身上，被称为“猫舞蹈症”。病猫步态不稳，抽搐、麻痹，甚至跳海死去，被称为“自杀猫”。随后不久，此地也发现了患这种病症的人。患者由于脑中枢神经和末梢神经被侵害，症状如上。当时这种病由于病因不明而被叫作“怪病”。这种“怪病”就是日后轰动世界的“水俣病”，是最早出现的由于工业废水排放污染造成的公害病。由此联系习近平总书记“绿水青山就是金山银山”的深刻内涵，学会正确处理实验废液，牢固树立绿色环保意识，并落实到实际行动中，遵守实验室的安全规则，实验室的“三废”按规定回收。从而养成克己守法的规则意识，并使规则意识内化于心，外化于行。

任务二 黄瓜中有机磷类农药的测定

任务导入

农药残留是人们非常关心的问题，它不仅关系人们的身体健康，而且已经成为影响农产品进出口贸易的重要障碍，严重影响了农民的经济利益，给农民造成了巨大损失。在我国农药中，70%为有机磷类农药，而在我国生产使用的有机磷农药中70%为剧毒、高毒类，而且较多是禁止在农产品上使用的。有一批即将出口的黄瓜，需要检测其有机磷类农药残留量，现将任务交到你的手中，你打算怎么做呢？

学习目标

❖ 知识目标

1. 掌握黄瓜中有机磷类农药测定的步骤。
2. 明确有机磷类农药测定的原理及意义。

❖ 能力目标

1. 能正确使用氮吹仪。
2. 能正确使用移液管、具塞量筒。
3. 能进行正确计算并判断实验结果的准确度和精密度。

❖ 素质目标

1. 气相色谱仪属高端精密仪器，培养学生爱护精密仪器的良好习惯。
2. 依据评价标准对任务进行评价，找出实施过程中存在的问题，练习核心技能，培养严谨的科学素养和精益求精的工匠精神。

相关知识

一、有机磷类农药的概述

农药是农业生产中使用的各种药剂的总称，种类很多，但常用的为有机氯农药和有机磷农药两类。农药在防治农作物病虫害、控制人畜传染病、提高农畜产品的产量和质量以及确保人体健康等方面，都起着重要的作用。但是，大量广泛使用农药也会造成对食物的污染。农药对食物的污染途径主要有：农田施用农药时，直接污染农作物；因水质的污染进一步污染水产品，土壤中沉积的农药通过农作物的根系吸收到作物组织内部而造成污染；大气中漂浮的农药随风向、雨水对地面作物、水生生物产生影响；饲料中残留的农药转入禽畜体内，造成此类加工食品的污染。农药残留是指一部分农药由于很强的化学稳定性，施用后不易分解，仍有部分或大部分残留在作物上及土壤等环境中。蔬菜是人类日常生活中必不可少的，当前食品安全问题引发人们的高度重视，关于蔬菜中农药残留问题已引起广大群众关注。

有机磷类农药是一类含磷的有机化合物，20 世纪 80 年代发展迅速。有机磷农药对于预防蔬菜等农业种植物的病虫害具有经济、高效、方便等特点，因此有机磷农药在农业生产过程中应用极大，但不少有机磷农药在杀灭病虫害的同时也在不断危害我们生存的自然环境和身体健康。

2021 年，农业农村部、国家卫生健康委员会、国家市场监督管理总局联合发布 GB 2763—2021《食品安全国家标准　食品中农药最大残留限量》。标准规定了 564 种农药在 376 种（类）食品中 10092 项最大残留限量，全面覆盖我国批准使用的农药品种和主要植物源性农产品。GB 23200. 121—2021《食品安全国家标准　植物源性食品中 331 种农药及其代谢物残留量的测定　液相色谱-质谱联用法》等 4 项农药残留检测方法标准，有效解决了部分农药残留标准“有限量、无方法”问题。

二、有机磷类农药残留的检测原理

目前检测部门常采用气相色谱仪、气相色谱-质谱联用仪、液相色谱-质谱联用仪进行有机磷类农药残留的检测，其中气相色谱法是我国国家标准方法。气相色谱法相对于质谱法仪器便宜、操作简便、灵敏度高、选择性强以及分离效果好。

气相色谱法是将食品中含有有机磷类农药残留的样品经提取、净化、浓缩后，注入气相色谱仪，气化后于色谱柱内分离，含有磷元素的组分在火焰光度检测器（FPD）中的富氢火焰上燃烧，一般认为含磷化合物首先氧化燃烧生成磷的氧化物，然后被富氢火焰中的氢还原成 HPO，这个被火焰高温激发的磷裂片将放射出波长 526nm 的特征辐射，其光强度与 HPO 的浓度成正比，通过滤光片选择后，由光电倍增管接收，转换成电信号，经电流放大器放大后记录下色谱流出的曲线。通过比较样品与标准品的峰面积或峰高，计算出样品中有机磷农药残留量。双火焰光度检测器（DFPD）可以弥补氢火焰光度检测器的缺点，减小工作量，还可以提高定量精度。

高效气相色谱仪是大型精密仪器，操作人员需要有非常专业的知识和丰富的经验，学生在操作时，应在技术人员或专业老师的指导下使用，以防损坏仪器或改变性能。

任务实施

此过程参照 GB 23200. 116—2019《食品安全国家标准　植物源性食品中 90 种有机磷类农药及其代谢物残留量的测定　气相色谱法》。

GB 23200. 116—2019《食品安全国家标准 植物源性食品中 90 种有机磷类农药及其代谢物残留量的测定 气相色谱法》

一、试剂准备

实验试剂如表 5-6 所示。

表 5-6　　实验试剂

序号	试剂	试剂浓度	试剂配制	备注
1	乙腈	—	—	
2	丙酮	—	—	色谱纯
3	氯化钠	—	—	
4	有机磷标准储备液	1000mg/L	准确称取 10mg（精确至 0. 1mg）有机磷类农药及其代谢物各标准品，用丙酮溶解并分别定容到 10mL	标准储备液避光且低于-18℃保存，有效期一年
5	混合标准中间溶液（Ⅰ、Ⅱ、Ⅲ、Ⅳ、Ⅴ和Ⅵ）	—	将 90 种有机磷类农药及其代谢物分成 6 个组，分别准确吸取一定量的单个农药储备液于 50mL 容量瓶中，用丙酮定容至刻度	混合标准溶液，避光 0～4℃保存，有效期一个月

二、仪器和设备准备

实验仪器和设备如表 5-7 所示。

表 5-7 实验仪器和设备

序号	名称	要求
1	气相色谱仪	配有双火焰光度检测器（FPD 磷滤光片）
2	天平	感量为 0.1mg 和 0.01g
3	匀浆机	转速≥15000r/min
4	组织捣碎机	可调式
5	氮吹仪	可控温
6	涡旋振荡仪	—
7	微孔滤膜（有机相）	0.22μm×25mm

三、分析操作

1. 试样制备

样品取样量和取样部位按照相关标准规定执行。对于个体较小的样品，取样后全部处理；对于个体较大的基本均匀样品，可在对称轴或对称面上分割或切成小块后处理；对于细长、扁平或组分含量在各部分有差异的样品，可在不同部位切取小片或截成小段后处理；取后的样品将其切碎，充分混匀，用四分法取样或直接放人组织捣碎机中捣碎成匀浆，放入聚乙烯瓶中。

2. 提取净化

使用电子分析天平称取 20g 试样于 150mL 烧杯中，加入 40mL 乙腈，用高速匀浆机 15000r/min 匀浆 2min，提取液过滤至装有 5~7g 氯化钠的 100mL 具塞量筒中，盖上塞子，剧烈振荡 1min，在室温下静置 30min。

准确吸取 10mL 上清液于 100mL 烧杯中，80℃水浴中氮吹蒸发近干，加入 2mL 丙酮溶解残余物，摇匀后盖上铝箔，备用。

将上述备用液完全转移至 15mL 刻度离心管中，再用约 3mL 丙酮分 3 次冲洗烧杯，并转移至离心管，最后定容至 5.0mL，涡旋振荡 0.5min，用 0.22μm 有机相微孔滤膜过滤，待测。

3. 测定

仪器参考条件如下。

（1）色谱柱　A 柱：50%聚苯基甲基硅氧烷石英毛细管，30m×0.53mm（内径）×1.0μm，或相当者；B 柱：100%聚苯基甲基硅氧烷石英毛细管，30m×0.53mm（内径）×1.5μm，或相当者。

（2）色谱柱温度　150℃保持 2min，然后以 8℃/min 程序升温至 210℃，再以 5℃/min 升温至 250℃，保持 15min。

（3）载气　氮气，纯度≥99.999%，流速为 8.4mL/min。

（4）进样口温度　250℃。

（5）检测器温度　300℃。

（6）进样量　1μL。

（7）进样方式　不分流进样。

（8）燃气　氢气，纯度≥99.999%，流速为80mL/min。

（9）助燃气　空气，流速为110mL/min。

4. 标准曲线绘制

将混合标准中间溶液用丙酮稀释成质量浓度为0.005，0.01，0.05，0.1，1mg/L的标准系列溶液，在上述色谱参考条件下测定。以农药质量浓度为横坐标、色谱的峰面积为纵坐标，绘制标准曲线。（标准曲线的相关系数≥0.999）

5. 定性测定

以目标有机磷类农药的保留时间为定性指标。被测试样中目标农药双柱上色谱峰的保留时间与相应标准色谱峰的保留时间相比较，相差应在±0.05min之内。

6. 定量测定

以外标法定量。

7. 试样溶液的测定

将混合标准溶液和待测溶液依次注入气相色谱仪中，保留时间定性，测得目标农药色谱峰面积。待测溶液中农药的响应值应在仪器检测的定量测定线性范围之内，超过线性范围时，应根据测定浓度进行适当倍数稀释后再进行分析。

有机磷类农药的测定-样品的制备　　有机磷类农药的测定-样品的称取　　样品的提取　　净化

四、结果计算

试样中被测农药残留量以质量分数 w 计，按式（5-2）计算：

$$w = \frac{V_1 \times A \times V_3}{V_2 \times A_S \times m} \times \rho \qquad (5-2)$$

式中　w——样品中被测农药残留量，mg/kg；

V_1——提取溶剂总体积，mL；

V_2——提取液分取体积，mL；

V_3——待测溶液定容体积，mL；

A——待测溶液中被测组分峰面积；

A_S——标准溶液中被测组分峰面积；

m——试样质量，g；

ρ——标准溶液中被测组分质量浓度，mg/L。

计算结果应扣除空白值，计算结果以重复性条件下获得的 2 次独立测定结果的算术平均值表示，保留 2 位有效数字。当结果超过 1mg/kg 时，保留 3 位有效数字。

五、空白实验

除不加试样外，按试样的分析和测定步骤进行平行操作。

六、数据记录

数据记录表格如表 5-8 所示。

表 5-8　　数据记录表格

<table>
<tr><td>样品编号</td><td></td><td colspan="2">样品名称</td><td colspan="3"></td></tr>
<tr><td>收样日期</td><td></td><td colspan="2">检验日期</td><td colspan="3"></td></tr>
<tr><td>样品状态</td><td></td><td colspan="2">规格数量</td><td colspan="3"></td></tr>
<tr><td>样品批次</td><td colspan="2"></td><td>湿度</td><td></td><td>温度</td><td></td></tr>
<tr><td colspan="3">检验依据</td><td colspan="2">检验用仪器设备</td><td colspan="2">检验方法</td></tr>
<tr><td colspan="3"></td><td colspan="2"></td><td colspan="2"></td></tr>
<tr><td rowspan="12">项目分类</td><td colspan="2">计算公式</td><td colspan="4"></td></tr>
<tr><td colspan="2">试验序号</td><td colspan="2">试验 1</td><td colspan="2">试验 2</td></tr>
<tr><td colspan="2">试样质量/g</td><td colspan="2"></td><td colspan="2"></td></tr>
<tr><td colspan="2">提取溶剂总体积/mL</td><td colspan="4"></td></tr>
<tr><td colspan="2">提取液分取体积/mL</td><td colspan="4"></td></tr>
<tr><td colspan="2">待测溶液定容体积/mL</td><td colspan="2"></td><td colspan="2"></td></tr>
<tr><td colspan="2">待测溶液中被测组分峰面积</td><td colspan="2"></td><td colspan="2"></td></tr>
<tr><td colspan="2">标准溶液中被测组分峰面积</td><td colspan="4"></td></tr>
<tr><td colspan="2">空白溶液中被测组分峰面积</td><td colspan="4"></td></tr>
<tr><td colspan="2">标准溶液中被测组分质量浓度/(mg/L)</td><td colspan="4"></td></tr>
<tr><td colspan="2">样品中被测农药残留量/(mg/kg)</td><td colspan="2"></td><td colspan="2"></td></tr>
<tr><td colspan="2">精密度</td><td colspan="4"></td></tr>
</table>

任务评价

黄瓜中有机磷类农药的测定评价标准见表5-9。

表 5-9 蔬菜中有机磷类农药的测定评价表

评价内容	评价标准	分值	评价记录
试样制备	试样绞碎均匀，无肉眼可见颗粒，试样制备无污染	5	
提取	准确称取试样，放置匀浆杯，无洒落	5	
	准确加入乙腈，正确匀浆	5	
	正确过滤，振荡手势正确，无洒落	5	
	正确设置氮吹仪温度，吹干程度合适	10	
净化	完全转移，并正确定容，充分涡旋	10	
标准曲线的制备	计算合适的标准溶液的吸取量，准确吸取，并稀释	20	
测定	色谱条件的选择	10	
	正确操作气相色谱仪	15	
计算及上报结果	正确定性定量计算，结果正确，保留位数正确，精密度在范围内	15	
合计			

课后巩固

(1) 气相色谱仪检测有机磷类农药的定性指标是（　　）。

A. 峰面积　　B. 峰高　　C. 保留时间　　D. 峰宽

(2) 气相色谱仪检测有机磷类农药的定量指标是（　　）。

A. 峰面积　　B. 峰高　　C. 保留时间　　D. 峰宽

(3) 从谷物、水果、蔬菜中将有机磷类农药提取出来使用的溶剂是（　　）。

A. 二氯甲烷　　B. 丙酮　　C. 水　　D. 氯化钠溶液

(4) 提取液中加入无水硫酸钠的作用（　　）。

A. 除去多余的水分　　B. 吸附杂质

C. 使水相和有机相分离　　D. 使有机磷类农药溶解度更高

(5) 使用气相色谱法检测有机磷类农药残留时，气相色谱仪需要配置哪种检测器？（　　）。

A. 氢火焰离子化检测器　　B. 火焰光度检测器

C. 热导检测器　　D. 电子捕获检测器

(6) 当试样的称样量要求精确至0.001g时，可以选择下列哪种天平（ ）。

A. 托盘天平　　B. 百分之一分析天平

C. 千分之一分析天平　　D. 万分之一分析天平

(7) 蔬菜提取的操作顺序是（ ）。

A. 称取、放入烧杯、加入乙腈、离心、过滤、加入氯化钠、振荡、静置

B. 称取、放入锥形瓶、加入乙腈、离心、过滤、加入氯化钠、振荡、静置

C. 称取、放入烧杯、加入乙腈、离心、过滤、静置、加入氯化钠

D. 称取、放入烧杯、加入乙腈、过滤、加入氯化钠、振荡、静置

(8) 提取过程中加入氯化钠的作用（ ）。

A. 使水相与有机相分层　　B. 提取农药

C. 使溶液与提取物完全融合　　D. 缩短提取时间

(9) 写出气相色谱法中提取净化蔬菜的操作过程。

(10) 氮吹时的注意事项是什么？

(11) 本实验方法和农业行业标准NY/T 761—2008《蔬菜和水果中有机磷、有机氯、拟除虫菊酯和氨基甲酸酯类农药多残留的测定》方法有哪些不同？

任务三　羊肉中氟喹诺酮类药物的测定

任务导入

氟喹诺酮类药物是一类人工合成的广谱杀菌性抗菌药物，因其抗菌谱广、抗菌活性强、与其他抗菌药物无交叉耐药性等特点而广泛应用于畜禽和水产养殖业中，如环丙沙星、达氟沙星、恩诺沙星和沙拉沙星等。此类药物使用不当导致的药物残留可能直接危害人体健康，也可能使致病菌产生耐药性，间接对人类健康造成影响，因此人们越来越关注氟喹诺酮类药物的残留安全问题。有一批待检羊肉送到检测中心，你作为一名检验员，想要测定其氟喹诺酮类药物残留量是否符合标准，来评价此羊肉的质量，你打算怎么做呢？

学习目标

❖ 知识目标

1. 掌握羊肉中氟喹诺酮类药物测定的步骤。
2. 明确羊肉中氟喹诺酮类药物测定的原理及意义。

❖ 能力目标

1. 能正确使用液相色谱仪。
2. 能正确处理分析过程中出现的问题。
3. 正确使用固相萃取柱。

❖ 素质目标

1. 液相色谱仪属高端精密仪器，培养学生爱护精密仪器的良好习惯。

2. 依据评价标准对任务进行评价，找出实施过程中存在的问题，练习核心技能，培养严谨的科学素养和精益求精的工匠精神。

3. 通过思政小课堂内容，培养学生的爱国主义精神与文化自信。

相关知识

一、兽药残留的概述

兽药（Veterinary drugs）是指用于预防、治疗、诊断动物疾病或者有目的地调节动物生理机能的物质，主要包括血清制品、疫苗、诊断制品、微生态制品、中药材、中成药、化学药品、抗生素、生化药品、放射性药品及外用杀虫剂、消毒剂等。

兽药残留（Residues of veterinary drugs）是指用药后蓄积或存留于畜禽机体或产品（如鸡蛋、乳品、肉品等）中原型药物或其代谢产物，包括与兽药有关的杂质的残留，一般以 μg/mL 或 μg/g 计量。兽药残留既包括原药，也包括药物在动物体内的代谢产物和兽药生产中所伴生的杂质，包括抗生素类、驱肠虫药类、生长促进剂类、抗原虫药类、抗锥虫药类、镇静剂类、β-肾上腺素受体阻断药等。长期食用兽药残留超标的食品后，当体内蓄积的药物浓度达到一定量时人体会产生多种急慢性中毒。动物机体长期反复接触某种抗菌药物后，其体内敏感菌株受到选择性抑制，从而使耐药菌株大量繁殖；此外，抗药性 R 质粒在菌株间横向转移使很多细菌由单重耐药发展到多重耐药。耐药性细菌的产生使得一些常用药物的疗效下降甚至失去疗效，畜禽对青霉素、氯霉素、庆大霉素、磺胺类等药物已大量产生抗药性，临床效果越来越差。研究还发现许多药物具有致癌、致畸、致突变作用。有抗菌药物残留的动物源食品可对人类胃肠的正常菌群产生不良的影响，使一些非致病菌被抑制或死亡，造成人体内菌群失调，从而导致长期的腹泻或引起维生素的缺乏等反应。菌群失调还容易造成病原菌的交替感染，使得具有选择性作用的抗生素及其他化学药物失去疗效。

中国从 1999 年开始兽药残留监控工作，先后颁布了多项法律、法规和标准。2020 年，农业农村部、国家卫生健康委员会、国家市场监督管理总局联合发布的 GB 31650—2019《食品安全国家标准　食品中兽药最大残留限量》，于 2020 年 4 月 1 日正式实施。标准规定了动物性食品中阿苯达唑等 104 种（类）兽药的最大残留限量；规定了醋酸等 154 种允许用于食品动物，但不需要制定残留限量的兽药；规定了氯丙嗪等 9 种允许作治疗用，但不得在动物性食品中检出的兽药，基本覆盖了我国常用兽药品种和主要动物性食品。

二、氟喹诺酮类药物的概述

氟喹诺酮类药物（FQs）属于喹诺酮类药物，又称吡啶酮酸类，都是人工合成的抗菌药物。喹诺酮类药物分为四代，第三代和第四代的喹诺酮类药物，因为化学结构中含氟，所以又被称为氟喹诺酮类药物。氟喹诺酮类药物通过选择性抑制细菌拓扑异构酶Ⅳ和 DNA 螺旋酶，干扰细菌细胞的 DNA 复制而呈现杀菌作用，属于杀菌剂，在临床上应用广泛，用于治疗各种细菌感染，还用于治疗支原体、衣原体感染和结核病。氟喹诺酮类药物包括第三代喹诺酮类的诺氟沙星、环丙沙星、氧氟沙星、左氧氟沙星、洛美沙星、培氟沙星、依诺沙星、氟罗沙星、司帕沙星等。20 世纪 90 年代后期至今，新研制的第四代喹诺酮类药物包括莫西沙星、加替沙星、吉米沙星、加雷沙星等，都属于氟喹诺酮类药物。

氟喹诺酮类药物因其具有抗菌活性强、抗菌谱广、蛋白结合率低、高效、低毒、组织穿透力强、半衰期较长、用药次数少及价格低廉等特点，被广泛应用于水产和禽畜感染性疾病及临床上细菌感染性疾病的防治。

1. 氟喹诺酮类药物测定的意义

氟喹诺酮类药物在动物体内代谢周期长以及养殖人员对其的不规范使用使其在动物源性食品中的残留超标。

当前动物源性食品当中药物残留问题可能导致人类细胞癌变，对食品安全产生严重影响。动物源性食品氟喹诺酮残留的检测方法有多种，因为其在动物源性食品中残留量相对较少，所以检测过程应该选择灵敏度高和分辨率高的方法，使用色谱法检测分离效率相对较高，使用质谱法进行检测特异性和灵敏度相对较高。通过上述技术的应用，有助于动物源性食品中氟喹诺酮类药物残留的高效检测，保证食品安全。

氟喹诺酮类药物在动物源性食品中的残留分析方法主要有酶联免疫吸附法（ELISA）、高效液相色谱法（HPLC）和高效液相色谱-质谱联用法（HPLC-MS）等。目前，在羊肉产品的检测中，主要根据农业部 1025 号公告-14—2008《动物性食品中氟喹诺酮类药物残留检测　高效液相色谱法》。

2. 高效液相色谱法测定羊肉中氟喹诺酮类药物原理

用磷酸盐缓冲溶液提取试料中的药物，C_{18} 柱净化，流动相洗脱。以磷酸-乙腈为流动相，用高效液相色谱-荧光检测法测定，外标法定量。

高效液相色谱仪是大型精密仪器，操作人员需要有非常专业的知识和丰富的经验，学生在操作时，应在技术人员或专业老师的指导下使用，以防损坏仪器或改变性能。

任务实施

此过程参照农业部 1025 号公告-14—2008《动物性食品中氟喹诺酮类药物残

留检测　高效液相色谱法》。

一、试剂准备

实验试剂如表 5-10 所示。

表 5-10　　实验试剂

序号	试剂	试剂浓度	试剂配制	备注
1	水	—	—	GB/T 6682—2008 规定的二级水
2	达氟沙星	含达氟沙星（$C_{19}H_{20}FN_3O_3$）不得少于 99.0%	—	基准试剂
3	恩诺沙星	含恩诺沙星（$C_{19}H_{22}FN_3O_3$）不得少于 99.0%	—	基准试剂
4	环丙沙星	含环丙沙星（$C_{17}H_{18}FN_3O_3$）不得少于 99.0%	—	基准试剂
5	沙拉沙星	含沙拉沙星（$C_{20}H_{17}F_2N_2O_3$）不得少于 99.0%	—	基准试剂
6	磷酸	—	—	分析纯
7	氢氧化钠	—	—	分析纯
8	乙腈	—	—	色谱纯
9	甲醇	—	—	分析纯
10	三乙胺	—	—	色谱纯
11	磷酸二氢钾	—	—	分析纯
12	氢氧化钠溶液	5.0mol/L	取氢氧化钠饱和液 28mL，加水稀释至 100mL	
13	氢氧化钠溶液	0.03mol/L	取 5.0mol/L 氢氧化钠溶液 0.6mL，加水稀释至 100mL	
14	磷酸/三乙胺溶液	0.05mol/L	取浓磷酸 3.4mL，用水稀释至 1000mL。用三乙胺调 pH 至 2.4	

续表

序号	试剂	试剂浓度	试剂配制	备注
15	磷酸盐缓冲溶液（用于肌肉、脂肪组织）	—	取磷酸二氢钾 6.8g，加水溶解并稀释至 500mL，用 5.0mol/L 氢氧化钠溶液调节 pH 至 7.0	
16	达氟沙星、恩诺沙星、环丙沙星和沙拉沙星标准储备液	—	分别取达氟沙星对照品约 10mg，恩诺沙星、环丙沙星和沙拉沙星对照品各约 50mg，精密称定，用 0.03mol/L 氢氧化钠溶液溶解并稀释成浓度为 0.2mg/mL（达氟沙星）和 1mg/mL（恩诺沙星、环丙沙星、沙拉沙星）的标准储备液。置于 2~8℃冰箱中保存，有效期为 3 个月	
17	达氟沙星、恩诺沙星、环丙沙星和沙拉沙星标准工作液	—	准确量取适量标准储备液用乙腈稀释成适宜浓度的达氟沙星、恩诺沙星、环丙沙星和沙拉沙星标准工作液。置于 2~8℃冰箱中保存，有效期为 1 周	

二、仪器和设备准备

实验仪器和设备如表 5-11 所示。

表 5-11　实验仪器和设备

序号	名称	要求
1	高效液相色谱仪（配荧光检测器）	
2	天平	感量为 0.01g
3	分析天平	感量 0.0001g
4	振荡器	
5	组织匀浆机	
6	离心机	
7	匀浆杯	30mL
8	离心管	50mL
9	固相萃取柱	Varian BondElut® C_{18} 柱（100mg/mL）
10	微孔滤膜	0.45μm

三、分析操作

1. 制样

取适量新鲜或冷冻的空白或供试组织，绞碎并使均匀。-20℃以下冰箱中储存备用。

2. 试样制备

（1）取绞碎后的供试样品，作为供试试样。

（2）取绞碎后的空白样品，作为空白试样。

（3）取绞碎后空白样品，添加适宜浓度的对照溶液，作为空白添加试样。

3. 提取

取（2±0.05）g羊肉试样，置30mL匀浆杯中，加磷酸盐缓冲溶液10.0mL，10000r/min匀浆1min。匀浆液转入离心管中，中速振荡5min，离心（肌肉、脂肪10000r/min，5min），取上清液，待用。用磷酸盐缓冲溶液10.0mL洗刀头及匀浆杯，转入离心管，洗残渣，混匀，中速振荡5min，离心（肌肉、脂肪10000r/min，5min）。合并两次上清液，混匀，备用。

4. 净化

固相萃取柱先依次用甲醇、磷酸盐缓冲溶液各2mL预洗。取上清液5.0mL过柱，用水1mL淋洗，挤干。用流动相1.0mL洗脱，挤干，收集洗脱液。经滤膜过滤后作为试样溶液，供高效液相色谱法测定。

5. 标准曲线的制备

准确量取适量达氟沙星、恩诺沙星、环丙沙星和沙拉沙星标准工作液，用流动相稀释成浓度分别为0.005，0.01，0.05，0.1，0.3，0.5μg/mL的对照溶液，供高效液相色谱仪分析。

6. 测定

（1）色谱条件

①色谱柱：C_{18}柱250mm×4.6mm（内径），粒径5μm，或相当者。

②流动相：0.05mol/L磷酸/三乙胺溶液-乙腈（82∶18，体积比），使用前经微孔滤膜过滤。

③流速：0.8mL/min。

④检测波长：激发波长280nm；发射波长450nm。

⑤柱温：室温。

⑥进样量：20μL。

（2）测定法　取试样溶液和相应的对照溶液，作单点或多点校准，按外标法以峰面积计算。对照溶液及试样溶液中达氟沙星、恩诺沙星、环丙沙星和沙拉沙星响应值均应在仪器检测的线性范围之内。在上述色谱条件下，对照溶液的高效液相色谱图如图 5-1 所示。

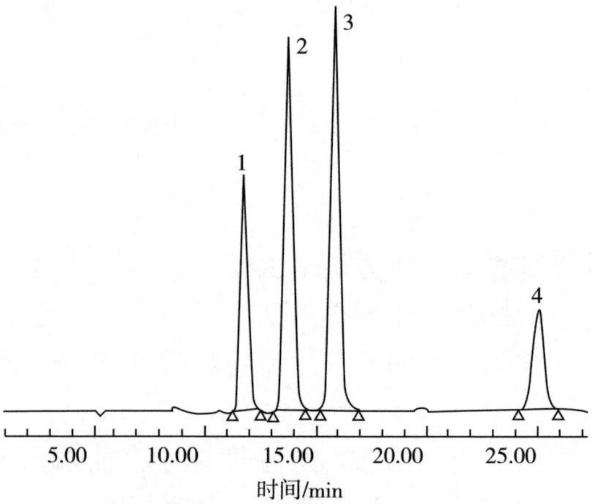

图 5-1　氟喹诺酮类药物对照溶液高效液相色谱图

1—环丙沙星　2—达氟沙星　3—恩诺沙星　4—沙拉沙星

（3）空白试验　除不加试样外，采用完全相同的测定步骤进行平行操作。

四、结果计算

（1）按式（5-3）计算试样中达氟沙星、恩诺沙星、环丙沙星或沙拉沙星的残留量：

$$X = \frac{AC_s V_1 V_3}{A_s V_2 M} \tag{5-3}$$

式中　X——试样中达氟沙星、恩诺沙星、环丙沙星或沙拉沙星的残留量，ng/g；

A——试样溶液中相应药物的峰面积；

A_s——对照溶液中相应药物的峰面积；

C_s——对照溶液中相应药物的浓度，ng/mL；

V_1——提取用磷酸盐缓冲液的总体积，mL；

V_2——过 C_{18} 固相萃取柱所用备用液体积，mL；

V_3——洗脱用流动相体积，mL；

M——试样的质量，g。

注：计算结果需扣除空白值，测定结果用平行测定的算术平均值表示，保留三位有效数字。

（2）检测方法灵敏度、准确度、精密度

①灵敏度：达氟沙星、恩诺沙星、环丙沙星和沙拉沙星在动物的肌肉、脂肪、肝脏及肾脏组织中的检测限为 20μg/kg。

②准确度：本方法在 20～500μg/kg 添加浓度的回收率为 60%～100%。

③精密度：本方法的批内变异系数≤15%，批间变异系数≤20%。

五、数据记录

数据记录表格如表 5-12 所示。

表 5-12　　数据记录表格

<table>
<tr><td>样品编号</td><td></td><td colspan="2">样品名称</td><td colspan="3"></td></tr>
<tr><td>收样日期</td><td></td><td colspan="2">检验日期</td><td colspan="3"></td></tr>
<tr><td>样品状态</td><td></td><td colspan="2">规格数量</td><td colspan="3"></td></tr>
<tr><td>样品批次</td><td colspan="2"></td><td>湿度</td><td></td><td>温度</td><td></td></tr>
<tr><td colspan="3">检验依据</td><td colspan="2">检验用仪器设备</td><td colspan="2">检验方法</td></tr>
<tr><td colspan="3"></td><td colspan="2"></td><td colspan="2"></td></tr>
<tr><td rowspan="12">项目分类</td><td colspan="2">计算公式</td><td colspan="4"></td></tr>
<tr><td colspan="2">试验序号</td><td colspan="2">试验 1</td><td colspan="2">试验 2</td></tr>
<tr><td colspan="2">试样质量/g</td><td colspan="2"></td><td colspan="2"></td></tr>
<tr><td colspan="2">提取用磷酸盐缓冲液的总体积 V_1/mL</td><td colspan="4"></td></tr>
<tr><td colspan="2">过 C_{18} 固相萃取柱所用备用液的体积 V_2/mL</td><td colspan="4"></td></tr>
<tr><td colspan="2">洗脱用流动相的体积 V/mL</td><td colspan="2"></td><td colspan="2"></td></tr>
<tr><td colspan="2">试样溶液中相应药物的峰面积 A</td><td colspan="4"></td></tr>
<tr><td colspan="2">对照溶液中相应药物的峰面积 A_s</td><td colspan="4"></td></tr>
<tr><td colspan="2">空白溶液中被测组分峰面积</td><td colspan="4"></td></tr>
<tr><td colspan="2">对照溶液中相应药物的浓度 C_s/(ng/mL)</td><td colspan="4"></td></tr>
<tr><td colspan="2">检测结果/(ng/g)</td><td colspan="2"></td><td colspan="2"></td></tr>
<tr><td colspan="2">精密度</td><td colspan="4"></td></tr>
</table>

任务评价

羊肉中氟喹诺酮类药物的测定评价标准见表 5-13。

表 5-13　　羊肉中氟喹诺酮类药物的测定评价表

评价内容	评价标准	分值	评价记录
试样制备	试样绞碎均匀，无肉眼可见颗粒	5	
提取	准确称取试样，放置匀浆杯，无洒落	5	
	准确加入缓冲溶液，正确匀浆	5	
	转移时无洒落，振荡器由慢到快	5	
	离心时配平，正确设置时间和转速	10	
净化	正确使用固相萃取柱，净化使用各液体顺序正确，正确收集洗脱液	10	
标准曲线的制备	计算合适的标准工作液的吸取量，准确吸取，并稀释	20	
测定	色谱条件的选择	10	
	正确操作高效液相色谱仪	15	
计算及上报结果	正确定性、定量计算，结果正确，保留位数正确，精密度在范围内	15	
合计			

课后巩固

(1) 氟喹诺酮类药物的抗菌机理是（　　）。

A. 抑制 70s 始动复合物的形成，抑制蛋白质合成

B. 抑制 DNA 螺旋酶，阻碍 DNA 合成

C. 竞争二氢叶酸合成酶，使灵敏菌的二氢叶酸合成受阻

D. 抑制二氢叶酸还原酶，阻碍核酸合成

E. 抑制细菌细胞壁肽聚糖合成酶，阻碍细胞壁肽聚糖合成

(2) 氟喹诺酮类药物残留测定时，使用（　　）检测。

A. 示差折光检测器　　B. 紫外检测器

C. 二极管阵列检测器　　D. 荧光检测器

(3) 氟喹诺酮类药物残留测定时，液相色谱的流动相是（　　）。

A. 甲醇/三乙胺-乙腈　　B. 磷酸盐/三乙胺-乙腈

C. 磷酸盐/水-乙腈　　D. 磷酸盐/三乙胺-甲醇

(4) 氟喹诺酮类药物测定提取时，振荡器使用前，打开电源开关，应将转速调到（　　）。

A. 最小　　B. 最大　　C. 中速　　D. 任意转速

(5) 对氟喹诺酮类药物灵敏的细菌不包括（　　）。

A. 厌氧菌　　B. 支原体

C. 衣原体　　D. 耐甲氧西林金黄色葡萄球菌

E. 革兰氏阴性菌

(6) 在测定羊肉中氟喹诺酮类药物过程中，样品的处理方式是什么？

(7) 动物性食品中氟喹诺酮类药物的检测限是多少？

(8) 兽药残留有哪些类型？

思政小课堂

爱国主义精神与文化自信

我国著名分析化学家和石油化学家陆婉珍院士，在新中国成立后，放弃国外丰厚的生活待遇与优越的科研条件归国。结合当时国家的需要和个人专业，克服了诸多困难，在20世纪50年代，其研究团队率先在我国开展了色谱技术的研究，并在我国成功开发了弹性石英毛细管，对我国色谱技术的发展具有重要影响；其成功研究了填充毛细管色谱法和多孔层毛细管色谱法快速测定复杂炼厂气和汽油中不同烃类组成等，为我国国民经济和石油发展做出了卓越贡献。傅若农教授是我国色谱研究领域的专家，见证了我国气相色谱研究的发展，为中华民族的振兴贡献了自己的全部精力。通过老一辈色谱专家的事例，不仅能够培养学生探索未知、追求真理和勇攀科学高峰的责任感和使命感，更能引导学生自觉将小我融入大我，为中华民族的伟大复兴贡献力量。

任务四 香肠中亚硝酸盐和硝酸盐的测定

任务导入

香肠中亚硝酸盐的含量多少直接影响到其保质期及对人体造成的伤害，如果生产过程中控制不当特别是添加量超标，会对消费者造成伤害。现一公司送来一批香肠，你作为一名检验人员，想要通过测定香肠中亚硝酸盐的含量是否符合标准，来评价这批香肠的质量，你打算怎么做呢？

学习目标

❖ 知识目标

1. 掌握香肠中亚硝酸盐和硝酸盐测定的步骤。
2. 明确香肠中亚硝酸盐和硝酸盐测定的原理及意义。

❖ 能力目标

1. 能规范操作分光光度计。
2. 会对亚硝酸盐和硝酸盐测定中样品进行预处理。

3. 能准确测定食品中亚硝酸盐和硝酸盐的含量。

❖ 素质目标

1. 依据标准曲线相关性和实验结果的关系，培养学生安全、规范操作的良好习惯。

2. 依据亚硝酸盐可作为食品添加剂的特点，培养学生对职业的认识，并由此引发职业自豪感。

相关知识

一、硝酸盐和亚硝酸盐概述

1. 硝酸盐和亚硝酸盐

能与肉及肉制品中呈色物质作用，使之在食品加工、保藏等过程中不致分解、破坏，呈现良好色泽的物质称为护色剂。我国食品添加剂使用标准中公布的护色剂有硝酸钠（钾）和亚硝酸钠（钾）。

硝酸盐和亚硝酸盐添加在肉制品中后转化为亚硝酸，亚硝酸易分解出亚硝基（—NO），生成的亚硝基会很快与肌红蛋白反应生成亮红色的亚硝基肌红蛋白，使肉制品呈现良好的色泽。亚硝酸盐除了发色外，还是很好的防腐剂。

2. 食品中硝酸盐和亚硝酸盐测定的意义

亚硝酸盐和硝酸盐作为食品添加剂，过多地使用会对人体产生毒害作用。亚硝酸盐毒性较硝酸盐强，但硝酸盐可以转化为亚硝酸盐。人体摄入大量亚硝酸盐，可使血红蛋白转变成高铁血红蛋白，使人体失去输氧功能，导致组织缺氧。另外亚硝酸盐还是亚硝胺的前体物，研究证明人体内和食物中的亚硝酸盐只要与胺类或酰胺类物质同时存在，就可能形成致癌物质。硝酸盐在胃肠里会被还原为亚硝酸盐继而产生上述作用。亚硝酸钠集多个作用于一身的特性决定了很难找到其他替代品，因此，各国都只能在保证安全和产品质量的前提下严格控制其使用。如我国 GB 2760—2014《食品安全国家标准　食品添加剂使用标准》规定硝酸钠的最大使用量为 0.5g/kg，亚硝酸钠的最大使用量为 0.15g/kg；肉制品中的残留量，以亚硝酸钠计不得超过 0.03g/kg。

学生应充分认识亚硝酸盐对食品的作用和人体的危害，也认识到一种物质既可以呈现有利的一面也可以呈现有害的一面，只有平衡好量的关系，才能让它发挥价值。食品检验员的作用就是监督生产企业严格控制用量，保证消费者的健康。

二、分光光度法测定食品中硝酸盐和亚硝酸盐的原理

亚硝酸盐采用盐酸萘乙二胺法测定，硝酸盐采用镉柱还原法测定。

试样经沉淀蛋白质、除去脂肪后，在弱酸条件下亚硝酸盐与对氨基苯磺酸重

氮化后，再与盐酸萘乙二胺偶合形成紫红色染料，外标法测得亚硝酸盐含量。采用镉柱将硝酸盐还原成亚硝酸盐，测得亚硝酸盐总量，由此总量减去亚硝酸盐含量，即得试样中硝酸盐含量。

任务实施

此过程参照 GB 5009.33—2016《食品安全国家标准　食品中亚硝酸盐与硝酸盐的测定》分光光度法。

除非另有规定，本方法所用试剂均为分析纯。水为 GB/T 6682—2008《分析实验室用水规格和试验方法》规定的二级水或去离子水。

GB 5009.33—2016
《食品安全国家标准
食品中亚硝酸盐
与硝酸盐的测定》

一、试剂准备

实验试剂如表 5-14 所示。

表 5-14　　实验试剂

序号	试剂	试剂浓度	试剂配制
1	亚铁氰化钾溶液	106g/L	称取 106.0g 亚铁氰化钾，用水溶解，并稀释至 1000mL
2	乙酸锌溶液	220g/L	称取 220.0g 乙酸锌，先加 30mL 冰乙酸溶解，用水稀释至 1000mL
3	饱和硼砂溶液	50g/L	称取 5.0g 硼酸钠，溶于 100mL 热水中，冷却后备用
4	氨缓冲溶液	—	量取 30mL 盐酸（ρ=1.19g/mL），加 100mL 水，混匀后加 65mL 氨水（25%），再加水稀释至 1000mL，混匀。调节 pH 至 9.6~9.7
5	氨缓冲溶液的稀释液	—	量取 50mL 氨缓冲溶液，加稀释至 500mL，混匀
6	盐酸	0.1mol/L	量取 8.3mL 盐酸，用水稀释至 1000mL
7	对氨基苯磺酸溶液	4g/L	称取 0.4g 对氨基苯磺酸，溶于 100mL 20%盐酸中，置棕色瓶中混匀，避光保存
8	盐酸萘乙二胺溶液	2g/L	称取 0.2g 盐酸萘乙二胺，溶于 100mL 水中，混匀后，置棕色瓶中，避光保存
9	亚硝酸钠标准溶液	200μg/mL	准确称取 0.1000g 于 110~120℃ 干燥恒重的亚硝酸钠，加水溶解，移入 500mL 容量瓶中，加水稀释至刻度，混匀
10	亚硝酸钠标准使用液	5.0μg/mL	临用前，吸取亚硝酸钠标准溶液 5.00mL，置于 200mL 容量瓶中，加水稀释至刻度
11	硝酸钠标准使用液	5.0μg/mL	临用前，吸取 2.5mL 硝酸钠标准溶液，置于 100mL 容量瓶中，加水稀释至刻度

二、仪器和设备准备

实验仪器和设备如表 5-15 所示。

表 5-15　　实验仪器和设备

序号	名称	要求
1	分光光度计	
2	恒温干燥箱	
3	组织捣碎机	
4	天平	感量为 0.1mg 和 1mg
5	镉柱	

三、实验准备

1. 海绵状镉的制备（镉粒直径 0.3~0.8mm）

将适量的锌棒放入烧杯中，用 40g/L 硫酸镉溶液浸没锌棒。在 24h 之内，不断将锌棒上的海绵状镉轻轻刮下。取出残余锌棒，使镉沉底，倾去上层溶液。用水冲洗海绵状镉 2~3 次后，将镉转移至搅拌器中，加 400mL 盐酸（0.1mol/L），搅拌数秒，以得到所需粒径的镉颗粒。将制得的海绵状镉倒回烧杯中，静置 3~4h，其间搅拌数次，以除去气泡。倾去海绵状镉中的溶液，并可按下述方法进行镉粒镀铜。

2. 镉粒镀铜

将制得的镉粒置锥形瓶中（所有镉粒的量达到要求的镉柱高度为准），加足量的盐酸（2mol/L）浸没镉粒，振荡 5min，静置分层，倾去上层溶液，用水多次冲洗镉粒，在镉粒中加入 20g/L 硫酸铜溶液（每克镉粒约需 2.5mL），振荡 1min，静置分层，倾去上层溶液后，立即用水冲洗镀铜镉粒（注意镉粒始终用水浸没），直至冲洗的水中不再有铜沉淀。

3. 镉柱的装填

用水装满镉柱玻璃管，并装入 2cm 高的玻璃棉做垫，将玻璃棉压向柱底时，应将其中所包含的空气全部排出，在轻轻敲击下加入海绵状镉至 8~10cm 高，上面用 1cm 高的玻璃棉覆盖，上置一储液漏斗，末端要穿过橡皮塞与镉柱玻璃管紧密连接（图 5-2）。

如无上述镉柱玻璃管时，可以用 25mL 酸式滴定管代替，但过柱时要注意始终保持液面在镉层之上。

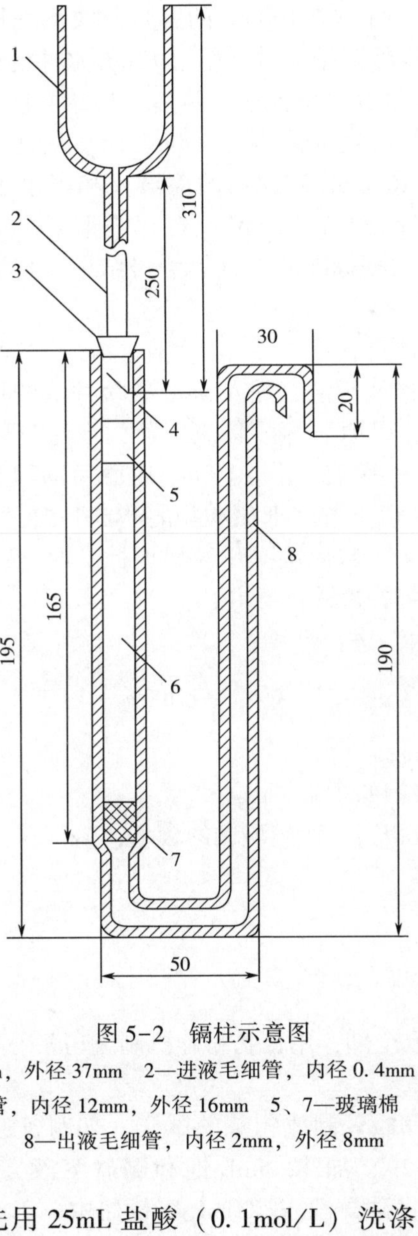

图 5-2 镉柱示意图

1—储液漏斗，内径 35mm，外径 37mm 2—进液毛细管，内径 0.4mm，外径 6mm 3—橡皮塞
4—镉柱玻璃管，内径 12mm，外径 16mm 5、7—玻璃棉 6—海绵状镉
8—出液毛细管，内径 2mm，外径 8mm

当镉柱填装好后，先用 25mL 盐酸（0.1mol/L）洗涤，再以水洗两次，每次 25mL，镉柱不用时用水封盖，随时都要保持水平面在镉层之上，不得使镉层夹有气泡。

4. 镉柱

每次使用完毕后，应先以 25mL 盐酸（0.1mol/L）洗涤，再以水洗两次，每次 25mL，最后用水覆盖镉柱。

5. 镉柱还原效率的测定

吸取 20mL 硝酸钠标准使用液，加入 5mL 氨缓冲液的稀释液，混匀后注入储液漏斗，使流经镉柱还原，用一个 100mL 的容量瓶收集洗提液。洗提液的流量不应超过 6mL/min，在储液杯将要排空时，用约 15mL 水冲洗杯壁。冲洗水流尽后，再用 15mL 水重复冲洗，第 2 次冲洗水也流尽后，将储液杯灌满水，并使其以最大流量流过柱子。当容量瓶中的洗提液接近 100mL 时，从柱子下取出容量瓶，用水定容至刻度，混匀。取出 10.0mL 还原后的溶液（相当于 10μg 亚硝酸钠）于 50mL 比色管中，以下按“亚硝酸盐的测定”自“吸取 0，0.20，0.40，0.60，0.80，1.00mL……”起操作，根据标准曲线计算测得结果，与加入量一致，还原效率大于 95%为符合要求。

6. 镉柱还原效率的测定

吸取 2mL 硝酸钠标准使用液，加入 5mL 氨缓冲液的稀释液，混匀后注入储液漏斗，使流经镉柱还原，以原烧杯收集流出液，当储液漏斗中的样液流完后，再加 5mL 水置换柱内留存的样液。取 10.0mL 还原后的溶液（相当于 10μg 亚硝酸钠）于 50mL 比色管中，以下按“亚硝酸盐的测定”自“吸取 0.00、0.20、0.40、0.60、0.80、1.00mL……”起依法操作，根据标准曲线计算测得结果，与加入量一致，还原效率应大于 95%为符合要求。

还原效率按式（5-4）进行计算：

$$X = \frac{A}{10} \times 100\% \quad (5-4)$$

式中 X——还原效率，%；

A——测得亚硝酸钠的含量，μg；

10——测定用溶液相当于亚硝酸钠的含量，μg。

四、分析操作

1. 试样的预处理

用四分法取适量或取全部，用食物粉碎机制成匀浆备用。

2. 提取

称取 5g（精确至 0.01g）制成匀浆的试样（如制备过程中加水，应按加水量折算），置于 50mL 烧杯中，加 12.5mL 饱和硼砂溶液（50g/L），搅拌均匀，以 70℃左右的水约 300mL 将试样洗入 500mL 容量瓶中，于沸水浴中加热 15min，取出置冷水浴中冷却，并放置至室温。

3. 提取液净化

在振荡上述提取液时，加入 5mL 亚铁氰化钾溶液（106g/L），摇匀，再加入 5mL 乙酸锌溶液（220g/L）以沉淀蛋白质。加水至刻度，摇匀，放置 30min，除去上层脂肪，上清液用滤纸过滤，弃去初滤液 30mL，滤液备用。

4. 亚硝酸盐的测定

吸取 40.0mL 上述滤液于 50mL 带塞比色管中，另吸取 0，0.20，0.40，0.60，0.80，

1.00，1.50，2.00，2.50mL 亚硝酸钠标准使用液（相当于0，1.0，2.0，3.0，4.0，5.0，7.5，10.0，12.5μg 亚硝酸钠），分别置于 50mL 带塞比色管中。于标准管与试样管中分别加入 2mL 对氨基苯磺酸溶液（4g/L），混匀，静置 3~5min 后各加入 1mL 盐酸萘乙二胺溶液（2g/L），加水至刻度，混匀，静置 15min，用 2cm 比色皿，以零管调节零点，于波长 538nm 处测吸光度，绘制标准曲线。同时做试剂空白。

5. 硝酸盐的测定

（1）镉柱还原　先以 25mL 氨缓冲溶液的稀释液冲洗镉柱，流速控制在 3~5mL/min（以滴定管代替可控制在 2~3mL/min）。

吸取 20mL 滤液于 50mL 烧杯中，加 5mL 氨缓冲溶液，混合后注入储液漏斗，使流经镉柱还原，以原烧杯收集流出液，当储液漏斗中的样液流尽后，再加 5mL 水置换柱内留存的样液。

将全部收集液如前再经镉柱还原一次，第二次流出液收集于 100mL 容量瓶中，继续以水流经镉柱洗涤 3 次，每次 20mL，洗液一并收集于同一容量瓶中，加水至刻度，混匀。

（2）亚硝酸钠总量的测定　吸取 10~20mL 还原后的样液于 50mL 比色管中。以下按“亚硝酸盐的测定”自“吸取 0，0.20，0.40，0.60，0.80，1.00mL……”起操作。

硝酸盐和亚硝酸盐的测定-样品的制备

样液的制备

硝酸盐和亚硝酸盐的测定-标准系列溶液的制备

标准系列溶液和样液上机

五、结果计算

亚硝酸盐（以亚硝酸钠计）的含量按式（5-5）进行计算：

$$X_1 = \frac{A_1 \times 1000}{m_1 \times \frac{V_1}{V_0} \times 1000} \tag{5-5}$$

式中　X_1——试样中亚硝酸钠的含量，mg/kg；

A_1——测定用样液中亚硝酸钠的质量，μg；

m_1——试样质量，g；

V_1——测定用样液体积，mL；

V_0——试样处理液总体积，mL。

以重复性条件下获得的两次独立测定结果的算术平均值表示，结果保留两位有效数字。

硝酸盐（以硝酸钠计）的含量按式（5-6）进行计算：

$$X_2 = \left(\frac{A_2 \times 1000}{m_2 \times \frac{V_2}{V_0} \times \frac{V_4}{V_3} \times 1000} - X_1 \right) \times 1.232 \tag{5-6}$$

式中 X_2——试样中硝酸钠的含量，mg/kg；

A_2——经镉粉还原后测得总亚硝酸钠的质量，μg；

m_2——试样质量，g；

V_2——总亚硝酸钠的测定用样液体积，mL；

V_0——试样处理液总体积，mL；

V_3——经镉柱还原后样液总体积，mL；

V_4——经镉柱还原后样液的测定用体积，mL；

X_1——试样中亚硝酸钠的含量，mg/kg；

1.232——亚硝酸钠换算成硝酸钠的系数。

以重复性条件下获得的两次独立测定结果的算术平均值表示，结果保留两位有效数字。在重复性条件下获得的两次独立测定结果的绝对差值不得超过算术平均值的10%。

六、数据记录

数据记录表格如表5-16所示。

表5-16　　数据记录表格

<table>
<tr><td rowspan="3">基本信息</td><td>样品名称</td><td colspan="4"></td><td colspan="4">样品编号</td><td colspan="3"></td></tr>
<tr><td>检测项目</td><td colspan="4"></td><td colspan="4">检测日期</td><td colspan="3"></td></tr>
<tr><td>检测依据</td><td colspan="4"></td><td colspan="4">检测方法</td><td colspan="3"></td></tr>
<tr><td>检测数据</td><td>亚硝酸钠标准溶液的浓度/(μg/mL)</td><td colspan="11"></td></tr>
<tr><td rowspan="3">项目分类</td><td>编号</td><td>1</td><td>2</td><td>3</td><td>4</td><td>5</td><td>6</td><td>7</td><td>8</td><td>9</td><td>试验1</td><td>试验2</td></tr>
<tr><td>标准使用液用量/mL</td><td>0</td><td>0.20</td><td>0.40</td><td>0.60</td><td>0.80</td><td>1.00</td><td>1.50</td><td>2.00</td><td>2.50</td><td></td><td></td></tr>
<tr><td>相当于亚硝酸钠的质量/μg</td><td>0</td><td>1.0</td><td>2.0</td><td>3.0</td><td>4.0</td><td>5.0</td><td>7.5</td><td>10.0</td><td>12.5</td><td></td><td></td></tr>
</table>

续表

项目分类	编号	1	2	3	4	5	6	7	8	9	试验1	试验2
	538nm 测吸光度											
计算公式												
检测结果	样品中含有亚硝酸钠的平均含量为　　　，根据标准判断是否符合要求											

任务评价

香肠中亚硝酸盐和硝酸盐的测定评价标准见表5-17。

表5-17　香肠中亚硝酸盐和硝酸盐的测定评价表

评价内容	评价标准	分值	评价记录
样品制备	样品粉碎均匀，无肉眼可见颗粒	5	
提取和净化	准确称样，置于烧杯无洒落	5	
	完全转移，冷却室温后再操作	5	
	准确加入亚铁氰化钾和乙酸锌溶液	5	
提取和净化	定容至刻度线	5	
	放置时间够长，分层清晰	5	
	弃去初滤液，正确收集滤液	5	
亚硝酸盐的测定	准确吸取不同体积的亚硝酸盐溶液，放置于比色管中	10	
	准确吸取滤液，放置于比色管中	5	
	准确加入对氨基苯磺酸溶液和盐酸萘乙二胺溶液	5	
	准确定容	5	
	正确使用分光光度计	5	
硝酸盐的测定	正确冲洗镉柱，流速控制合适	5	
	准确吸取滤液，加入氨缓冲溶液，倒入储液漏斗，无洒落	5	
	正确用水洗涤，定容容量瓶	5	
计算及上报结果	能运用公式正确计算，计算正确，保留位数正确，精密度在范围内	20	
合计			

课后巩固

(1) 亚硝酸盐用于肉制品作（　　　）剂，也是一种（　　　）剂。

(2) 亚硝酸盐在食品加工中常用作（　　　），与食盐并用可增加抑菌作用，对（　　　）有特殊的抑制作用。

(3) 亚硝酸盐的定性鉴定方法是在试样中加盐酸、加热，如有（　　　）颜色的气体产生，则试样中就有亚硝酸盐。

(4) 硝酸盐和亚硝酸盐添加在肉制品中后转化为亚硝酸，亚硝酸易分解出亚硝基（—NO），生成的亚硝基会很快与（　　　）反应生成亮红色的亚硝基肌红蛋白，使肉制品呈现（　　　）。

(5) 亚硝酸盐与仲胺反应生成具有（　　　）的亚硝胺。

(6) 用比色法测定食品中硝酸钠含量，应先用镉柱将硝酸钠还原为（　　　）进行测定。镉柱使用前，应先用（　　　）洗涤，不用时用（　　　）封盖。并保持在镉层之上。检验镉柱符合要求的条件是（　　　）。

(7) 在测定亚硝酸盐含量时，在样品液中加入饱和硼砂溶液的作用是（　　）。

A. 提取亚硝酸盐　　B. 沉淀蛋白质

C. 便于过滤　　D. 还原硝酸盐

(8) 使用分光光度法测定食品亚硝酸盐含量的方法称为（　　）。

A. 盐酸副玫瑰苯胺比色法　　B. 盐酸萘乙二胺比色法

C. 格里斯试剂比色法　　D. 双硫腙比色法

(9) 亚硝酸盐和硝酸盐在食品中有何应用？有何危害？其测定意义是什么？

(10) 简述硝酸盐和亚硝酸盐的护色机理是什么？

(11) 亚硝酸盐测定中加入亚铁氰化钾和乙酸锌溶液起什么作用？

(12) 测定亚硝酸盐含量时，样品溶液的酸度对测定结果是否有影响？为什么？

(13) 镉柱法测定硝酸盐时，如何防止镉层被氧化？

(14) 亚硝酸盐对人体会造成伤害，那为什么生产过程中还要添加这种食品添加剂？

项目六

食品快速检测

任务一 牛乳中 β-内酰胺酶的快速检测方法

任务导入

我国对生鲜乳中的抗生素残留量作出明确的要求和规定，但是，目前仍然有一些不法人员在经济利益的驱动下，人为添加一些生物制剂去降解生鲜乳中的残留的抗生素，制造“无抗奶”，逃避乳品企业对抗生素的筛查和政府监管，造成严重的食品安全危害。作为鲜乳检测员，你怎样判断牛乳中是否添加 β-内酰胺酶呢？

学习目标

❖ 知识目标

1. 掌握牛乳中 β-内酰胺酶的快速检测的步骤。
2. 明确牛乳中 β-内酰胺酶的快速检测的原理及意义。

❖ 能力目标

能正确操作胶体金试剂盒并出具准确结果。

❖ 素质目标

1. 依据食品快速检测的特性，树立学生重视食品安全的意识。
2. 通过小组合作，培养学生团队合作意识和协作精神。

相关知识

一、食品快速检测的概述

随着社会经济的发展，人们的生活水平得到了很大的提高，人们的食品数量、种类较以往有了极大的发展。然而，在这种迅猛的商品经济运行中，我国的食品无论是农副产品还是加工食品质量均是良莠不齐，近年来，我国出现了大大小小的食品安全事故，人人皆知的三聚氰胺事件、瘦肉精事件已经成为食品安全的典型事件。而在全球，近几十年也发生了许多重大食品安全事件，如 1986 年欧洲“疯牛病”、1999 年二噁英污染及罐装可口可乐污染、2000 年日本“雪印牌毒牛乳”、2006 年英国吉百利公司“沙门氏菌”事件等。各国政府对食品安全越来越重视。而在食品安全保障工作中，食品安全快速检测技术具有重要的意义，在很多情况下，如对农贸市场的生鲜食品、超市的短期储存食品等进行食品安全监督乃至经营商自身管理都需要应用快速检测技术。在一些重大社会活动如奥林匹克运动会、世界博览会等活动中以及一些日常监督过程中，食品安全快速检测技术也是一种重要的保障手段。

1. 食品快速检测的定义

食品快速检测并不是一类既定的检测方法，目前也没有严格的定义，普遍从检测时间方面区别于经典检测方法。从广义上来讲，包括样品制备在内，能够在短时间内出具检测结果的行为称之为快速检测。主要体现在三个方面：一是试验准备过程简化，使用材料、试剂较少；二是样品经过简单的处理后即可进行测试或采用高效快速的样品处理方式；三是简单、快速和准确的分析方法，能对处理好的样品在很短的时间内测试出结果。快速检测方法与常规方法相比，除应具有准确性外，还应具有明显的简捷性、经济性与便携性。一般认为，理化快速检测方法包括制备样品在内，能够在 2h 以内出具检测结果，即可视为实验室快速检测方法；如果某一方法能够应用于现场快速检测，在 30min 内出具检测结果，即可视为现场快速检测方法；如果能够在十几分钟甚至几分钟内得到检测结果，可视其为比较理想的现场快速检测方法；与传统检测方法相比，微生物快速检测方法能够大幅度缩短检测时间（缩短 1/2 或 1/3 时间）；发现阳性结果或超标样品时，能用传统方法复检（特殊样品除外），其结果基本相同的方法，可视为快速检测方法。

2. 食品快速检测的分类

食品安全快速检测按照工作场所分为现场快速检测和实验室快速检测，实验室快速检测着重于利用一切可以利用的仪器设备对检测样品进行快速定性与定量；现场快速检测着重于利用一切可以利用的手段对检测样品快速定性与半定量。

食品安全快速检测按照检测手段分为化学比色分析检测技术、免疫分析检测技术、分子生物学检测技术、生物学发光检测法、传感器技术、纳米技术、色谱技术、便携式色谱-质谱联用技术等。

（1）化学比色分析检测技术　如试纸色谱比色法、试纸（试剂盒/卡）比色法、试管比色法等方法，与一般的仪器分析方法相比，具有价格低、操作相对简便、结果显示直观、一次性使用、不需检修维护、专一性强等优点，但方法灵敏度较低。

（2）免疫分析检测技术　如免疫磁珠分离法、免疫检测试纸条、免疫乳胶试剂、免疫酶技术、免疫深沉法、免疫色谱法等能较好地测定有机磷类、氨基甲酸酯类等几十种农药，也是目前国外发展的主流技术，特别对于兽药的残留检测。但此方法所用食品仪器和试剂盒主要依赖进口，价格较高，而国产产品质量和价格都不具备明显优势，推广受到限制。

（3）分子生物学检测技术　主要用于微生物检测，在乳中以及畜禽产品的菌落总数、大肠菌群的检测中应用较多。

（4）传感器技术　检测时能够按照一定的规律把被测量转换成为可用信号。这种检测方法速度快、灵敏度高、效率高，在目前的食品安全的快速检测研究中是一个热点，但这种方法在重现性、稳定性和使用寿命等方面还有待改进。在农兽药残留快速检测领域中，很多时候都是使用生物传感器。按照感受器来进行划分，可分为免疫传感器、酶传感器、细胞传感器和微生物传感器。如果按照换能器划分，又可分为光学型、压电型、电化学型和电导型。

（5）纳米技术　直到2003年以后才逐渐在食品快速检测中应用，目前发展迅速。纳米技术与生物学、免疫学等技术结合应用于食品快速检测是近年来的研究趋势。

（6）色谱技术　起初主要用于物质的分离，随着技术不断发展，现也广泛应用于各种成分的检测，该种方法具有较低的检测限，所需样品量少，分析准确，同时也具有较快的速度。色谱技术主要包括纸色谱、薄层色谱、柱色谱（气相色谱、液相色谱）等。

3. 食品快速测定的意义

食品快速检测技术可以对大批量的样品进行快速的筛查，缩小实验室样品的检测范围，发现可疑样本，然后可以有针对性地采集样品和进行实验室确证实验，从而缩短检测时间、降低检测成本，提高监督、检验的效率。更重要的是，通过快速检测技术尤其是现场快速检测可以增加样品的检测数量、扩大食品安全监控范围，并且可以减轻实验室检测的压力。食品安全快速检测技术迎合了食品企业内部及监管部门对食品质量安全及时控制的需要，因此食品快速检测技术具有重要意义。

（1）快速检测是食品安全监管人员的有力工具　在日常卫生监督过程中，除感官检测外，用现场快速检测方法，及时发现可疑问题，迅速采取相应措施，这对提高监督工作效率和力度、保障食品安全有着重要的意义。

（2）快速检测是实验室常规检测的有益补充　为了保障食品安全，需要检测的产品、半成品以及生产环节很多，一一采集样品送实验室检测是不现实的。采用快速检测，可使食品安全预警前移，可以扩大食品安全控制范围。对有问题的样品必要时送实验室进一步检测，既提高了监督检测效率，又能提出有针对性的检测项目，达到现场检测与实验室检测的有益互补。

（3）快速检测是大型活动卫生保障与应急事件处理的有效措施　在大型活动卫生保障中，可以防止发生群发性食品中毒事件；在应急事件处理中，可以快速筛查食物中毒可疑因子，从而发挥快速检测方法的特殊作用。

（4）快速检测是中国国情的一种需要　中国近30年来经济快速发展，社会处于转型时期，而且还会持续相当长的一段时期，在这种迅猛的商品经济运行中，食品安全也出现了一些问题，如农药、鼠药、甲醇、亚硝酸盐等群发性食物中毒，甲醛、吊白块、注水肉、瘦肉精、三聚氰胺等事件的发生等。中国在提高食品安全整体水平方面仍有很长的路要走，快速检测将会在其中起到积极有效的作用。

二、 β-内酰胺酶概述

在奶牛饲养中使用β-内酰胺类抗生素可导致生产的生鲜牛乳中含有抗生素残留，国际和国内均规定生鲜乳中“不得检出”抗生素。

尽管β-内酰胺酶对人体造成的直接损伤和危害目前没有确切的研究能够证明，但是生鲜乳中β-内酰胺酶残留对人体健康和奶业健康产生了一定的安全风险。若长期饮用含β-内酰胺酶处理的牛乳，会使人体内的致病菌产生耐药性，当人体被感染需要使用抗生素药物治疗时，会使抗生素失去作用。此外，长期饮用含有β-内酰胺酶的牛乳还可能会引入其他的致病菌、致癌物质。另一方面，β-内酰胺酶的添加纵容了奶牛饲养过程中抗生素的滥用，扰乱市场，不利于我国奶业的健康可持续发展。

三、 用胶体金快速试纸条法测牛乳中β-内酰胺酶的原理

通过测定牛乳样品中被β-内酰胺酶分解后残留的青霉素，间接测定牛乳中是否含有β-内酰胺酶。

任务实施

此过程参照NY/T 3313—2018《生乳中β-内酰胺酶的测定》胶体金快速试纸条法。

NY/T 3313—2018
《生乳中β-内酰胺酶的测定》

一、试剂准备

实验试剂如表6-1所示。

表 6-1 **实验试剂**

序号	试剂	试剂浓度	试剂配制	备注
1	β-内酰胺酶胶体金试剂盒	—	包括： （1）青霉素微孔或试剂瓶； （2）金标颗粒青霉素受体试剂微孔； （3）胶体金试纸条	冷藏保存
2	硫氰酸钠	—	—	分析纯
3	溴硝丙二醇	—	—	分析纯
4	甲醛	—	—	分析纯

注：所用的商品化β-内酰胺酶胶体金试剂盒，应按照下述方法验证合格后使用。

①灵敏度和假阴性率：采用检出限浓度样品进行 20 个重复测试，要求灵敏度为 100%，即假阴性率为 0；

②特异性和假阳性率：采用阴性样品进行 20 个重复测试，要求特异性不小于 80%，即假阳性率小于 20%。

③与参比方法一致性：参比方法采用 NY/T 3313—2018《生乳中β-内酰胺酶的测定》第一层，要求与参比方法卡方检验测试结果χ^2<3. 84。

二、仪器和设备准备

实验仪器和设备见表 6-2。

表 6-2 **实验仪器和设备**

序号	名称	要求
1	孵育器	（40±2）℃
2	读数仪	可测定并显示胶体金试纸条测定结果
3	移液器	200μL

三、分析操作

1. 试样处理

（1）若样品经过 0~6℃冷藏保存，冷藏时间不应超过 48h。

（2）若样品经过冷冻（-20℃左右）保存，冷冻时间不应超过 30d，复温温度不应超过 60℃，解冻次数不应超过 5 次。

（3）不应添加叠氮钠或重铬酸钾作为防腐剂，如有必要，例如样品不能及时冷藏或冷冻、冷藏时间需超过 48h 等情况，可添加硫氰酸钠（添加量：15mg/kg），溴硝丙二醇（添加量：200mg/kg）或甲醛（添加量：500mg/kg）作为防腐剂。

2. 具体操作

将β-内酰胺酶胶体金试剂盒充分回温。吸取 200μL 试样于青霉素微孔或试剂瓶中，每个样品平行试验 2 个。充分混匀后，置于事前预热好的孵育器中孵育，孵育后，将全部试液转移至受体试剂微孔中，充分混匀后再次置于孵育器。孵育后，将对应的试纸条吸水端插入于微孔中，3min 后弃去吸水纸并观察结果。

注：不同β-内酰胺酶胶体金试剂盒制造商间的产品组成和孵育时间有差异，应按说明书操作。

四、数据记录和处理

结果按以下两种方式进行判定。

1. 肉眼判定

通过比较控制线（C 线）与测试线（T 线）的颜色进行结果判定（图 6-1）判定时间不超过 5min。

（1）阴性（-） 控制线（C 线）显色，且测试线（T 线）显色比 C 线浅或不显色，表示试样中不含β-内酰胺酶或β-内酰胺酶的浓度低于检出限。

（2）阳性（+） 控制线（C 线）显色，且测试线（T 线）显色等于或者强于 C 线显色，表示试样中含β-内酰胺酶且浓度高于检出限，阳性样品或疑似阳性样品应按 NY/T 3313—2018《生乳中β-内酰胺酶的测定》杯碟法确证。

（3）无效 控制线（C 线）不显色，表明试验失效，应重新进行测试。

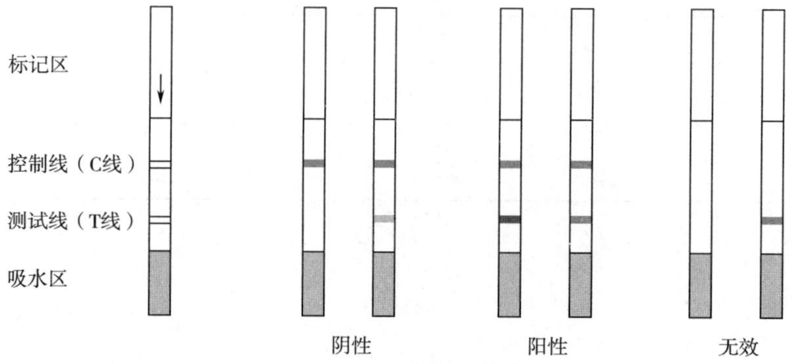

图 6-1 胶体金试纸条结果判定

2. 读数仪判定

参照读数仪厂家的建议对结果进行判定，阳性样品或疑似阳性样品应按 NY/T 3313—2018《生乳中β-内酰胺酶的测定》杯碟法确证。

注：不同厂商读数仪判定结果有差别，应按照说明书操作及判定。

任务评价

牛乳中β-内酰胺酶的快速检测方法评价标准见表6-3。

表6-3　　牛乳中β-内酰胺酶的快速检测方法评价表

评价内容	评价标准	分值	评价记录
试样处理	正确处理试验	25	
试剂盒的使用	正确使用胶体金试剂盒	25	
完成试验	按步骤规范完成实验	25	
上报结果	正确上报结果	25	
合计			

课后巩固

（1）试样处理时，若样品经过0~6℃冷藏保存，冷藏时间不应超过（　　）h；若样品经过冷冻（-20℃左右）保存，冷冻时间不应超过（　　）d，复温温度不应超过（　　）℃，解冻次数不应超过（　　）次。

（2）肉眼判定时，通过比较控制线（C线）与测试线（T线）的颜色进行结果判定，判定时间不超过（　　）min。

（3）β-内酰胺酶的本质是什么？

任务二　乳中磺胺类药物的快速检测方法

任务导入

由于非法使用违禁药物，滥用抗菌药物和药物添加剂，超量用药，不遵守休药期的规定以及环境污染等导致药物残留，可能会引起人体的急性中毒、各种慢性中毒、蓄积毒性，如过敏反应、三致作用、免疫毒性、发育毒性以及激素样作用；细菌耐药性增加；给环境造成影响等负面影响。在众多兽药残留中若你需要快速检测乳中是否有磺胺类药物残留，你该怎么做？

学习目标

❖ 知识目标

1. 了解磺胺类药物的作用机理。
2. 掌握磺胺类药物快速检测的原理。

❖ 能力目标

1. 能正确说出磺胺类药物残留的危害。
2. 能正确操作磺胺类快速检测试剂盒并出具准确结果。

❖ 素质目标

1. 依据磺胺类药物对人体的危害，树立食品安全意识，增强职业使命感。
2. 依据思政小课堂，引发学生多思考，多创新，做有意义的事。

相关知识

一、磺胺类药物残留概述

磺胺类药物是具有对氨基苯磺酸结构的合成抗生素的总称，是合成的抑菌药，对大多数革兰氏阳性菌和许多革兰氏阴性菌有较强的抑制作用，具有抗菌谱广、性质稳定、体内分布广、制造不需粮食作原料、产量大、品种多、价格低、使用简便、供应充足等优点，目前仍是兽医临床中最常用的药物之一。

人类经常食用有磺胺类药物残留的动物源性食品，可能引起磺胺类药物在体内的逐渐累积。其危害性主要表现为细菌耐药性、过敏、造血紊乱、致癌作用以及激素样作用等。

（1）作用机制和毒理学性质　磺胺类药物作用的靶点为细菌的二氢叶酸合成酶，使其不能充分利用对氨基苯甲酸合成叶酸。二氢叶酸合成酶催化的是对氨基苯甲酸、谷氨酸及二氢蝶啶焦磷酸或对氨基苯甲酰谷氨酸与二氢蝶啶焦磷酸合成二氢叶酸的反应，二氢叶酸再经二氢叶酸还原酶作用还原生成四氢叶酸，四氢叶酸可进一步合成叶酸辅酶 F，为细菌 DNA 中核苷酸的合成提供一碳单位。

磺胺类药物与对氨基苯甲酸产生竞争性拮抗作用，从而阻止了细菌二氢叶酸的合成，进而抑制了细菌的生长繁殖。

（2）磺胺类药物测定的意义　大多数磺胺类药物可广泛渗入全身组织和细胞外液，能透过血脑屏障进入脑脊液，主要在肝脏内乙酰化为无抗菌活性代谢产物，但仍有磺胺类毒性，可在中性或酸性条件下沉淀为结晶尿，损伤肾脏。磺胺类药物主要经肾小球过滤而排泄，部分药物可经肾小管重吸收，有少量从乳汁、胆汁和粪便排出。肾功能障碍时，母体化合物和代谢产物可在体内积累，也可由于肾脏排出缓慢而增强乙酰化作用从而导致毒性增大。

清楚认识磺胺类药物对人体的危害，学生更加坚定学好农产品检验的决心，为保护我国的食品安全贡献自己的力量。

二、竞争法免疫层析技术原理

竞争法免疫层析试纸条，由两部分组成，一个是含有金标抗体的反应微孔，另一个是含有检测线（T）和质控线（C）的检测试纸条。如果样品溶液中的待测物质浓度大于检测限，样品溶液中的待测物质与微孔中的金标抗体相结合，进而封闭金标抗体上的相应抗原结合点，阻止金标抗体与纤维素膜上蛋白偶联物结合，T线显色明显比C线弱或者完全不显色，结果为阳性；反之，如果样品溶液中待测物质含量小于检测限，T线显色比C线强或T线与C线相近，结果为阴性。

三、检出限

本方法为定性检测，不同磺胺类药物的检出限如表6-4所示。

表6-4　　不同磺胺类药物的检出限

药物名称	检出限/（μg/kg）	药物名称	检出限/（μg/kg）
磺胺二甲嘧啶/磺胺二甲基嘧啶	12	磺胺嘧啶/磺胺哒嗪	10
磺胺间甲氧嘧啶/磺胺-6-甲氧嘧啶	4	磺胺间二甲氧嘧啶/磺胺二甲氧	4
磺胺甲基嘧啶/磺胺甲嘧啶	10	磺胺甲基异噁唑/磺胺甲噁唑	10
磺胺氯哒嗪	10	磺胺对甲氧基嘧啶	10
磺胺索嘧啶	4	磺胺甲氧哒嗪	6
磺胺甲二唑	10	磺胺噻唑	3
磺胺二甲氧嘧啶	5	磺胺氯吡嗪	15
磺胺胍	90	磺胺苯吡啉	80
磺胺喹噁啉	15	磺胺异噁唑	10
磺胺邻二甲氧嘧啶	90	磺胺吡啶	30
磺胺吡唑	10		

任务实施

一、试剂准备

实验试剂如表6-5所示。

表6-5　　实验试剂

序号	试剂	试剂浓度	试剂配制	备注
1	水	—	—	GB/T 6682—2008规定的二级水

续表

序号	试剂	试剂浓度	试剂配制	备注
2	磺胺二甲嘧啶	含磺胺二甲嘧啶 99%以上，熔点为 198~201℃	—	基准试剂
3	磺胺二甲嘧啶对照品储备液	(1mg/mL)	准确称取磺胺二甲嘧啶对照品 100mg 于 100mL 棕色容量瓶中，用无菌超纯水或适宜溶剂溶解并定容至刻度，于-20℃保存。临用前稀释成相应浓度工作液	适宜溶剂一般为甲醇
4	磺胺二甲嘧啶对照品工作液	(2μg/mL)	准确吸取磺胺二甲嘧啶对照品储备液 0.2mL 于 100mL 棕色容量瓶中，用无菌超纯水或适宜溶剂定容至刻度，临用前配制	适宜溶剂一般为甲醇
5	磺胺二甲嘧啶阳性添加物	12μg/kg	准确吸取磺胺二甲嘧啶对照品工作液 0.6mL 于 100mL 棕色容量瓶中，用无菌超纯水或适宜溶剂定容至刻度，临用前配制	适宜溶剂一般为甲醇
6	磺胺类抗生素快速检测试剂盒			

注：单位换算说明：①ng/mL=ng/g=μg/kg=μg/L=ppb=10^{-9}。
②pg/mL=pg/g=ng/kg=ng/L=ppt=10^{-12}。
③1mL=1000μL。

二、仪器和设备准备

实验仪器和设备见表 6-6。

表 6-6　实验仪器和设备

序号	名称	要求
1	分析天平	感量 0.00001g
2	计时器	
3	温育器	
4	移液器	200μL、0.2mL、1mL
5	容量瓶	100mL
6	读数仪	

三、试纸条验收对比

取已经确认不含待检物质的牛乳作空白。用磺胺二甲嘧啶高浓度标准品作添加，添加浓度为12μg/kg。以上两个样品作平行样，当牛乳空白检测结果为阴性，添加磺胺二甲嘧啶样品检测结果均为阳性，该批次试纸条可以使用。

四、样品前处理

将样品回温至室温直接检测。

五、试纸条操作

具体如下：

（1）吸取200μL奶样加入红色试剂微孔中，抽吸5~10次直至细孔试剂混合均匀。

（2）(40±2)℃温育3min。

（3）3min温育结束后，将试纸条插入到红色试剂微孔中。

（4）(40±2)℃温育3min。

（5）3min温育结束后，从微孔中取出试纸条，轻轻刮去试纸条下端的样品垫，并使用读数仪进行结果判读，在5min内读取结果。

六、结果判定及报出

具体请参照读数仪的使用说明书，读数仪判读结果如下：

（1）阴性（-） 结果R>1.1，判为阴性，结果报出阴性。

（2）阳性（+） 结果R≤1.1，判为阳性，结果报出阳性。

任务评价

乳中磺胺类药物快速检测方法评价标准见表6-7。

表6-7　乳中磺胺类药物快速检测方法评价表

评价内容	评价标准	分值	评价记录
样品处理	样品保持室温	10	
试纸条验收对比	准备3份牛乳，2份正确加入标品，1份为阴性样	20	

续表

评价内容	评价标准	分值	评价记录
样品测定	正确使用移液器吸取奶样，抽吸时无气泡，混合均匀	20	
	温育温度和时间正确	10	
	试纸条插入微孔中方向正确	20	
结果判断	正确判断结果并上报	20	
合计			

课后巩固

(1) 试纸条检测线出现（　　），会影响检测结果，如有必要重复测试一次。
(2) 磺胺类快速检测法中阳性添加物的浓度是（　　）。
(3) 磺胺类快速检测结果 R>1.1，判为阴性，结果报出（　　）。
(4) 乳中磺胺类药物残留的危害有哪些?
(5) 磺胺类药物的作用机理是什么?
(6) 磺胺类药物残留快速检测的步骤是什么?
(7) 磺胺类药物残留快速检测的注意事项有哪些?
(8) 竞争法免疫层析技术原理是什么?
(9) 若开封的试纸条没有按要求保存，并超过了一周，请问会出现什么样的结果?

思政小课堂

不畏艰难，勇于创新

1999 年 8 月，上海理工大学华泽钊教授在参加一个学术会议时，由于食物中毒而住院。在病床上的华教授想，蔬菜是餐桌上人们的最爱，而每年因此中毒者众多，如果有办法能快速检测果蔬中的农药残留，方便在菜场或者家中检测，对果蔬的农药残留安全意义很大。华泽钊教授与其团队潜心钻研，成功研究出新型的“农药残留现场快速检测技术”。该项技术可迅速、方便、快捷地检测到蔬菜是否存在农药残留，整个过程只要 9 分钟，费用 2 角钱。华教授团队成功的研发，更加保证了我国餐桌上的安全。任何一个小小的意识都有可能引发新的思维、新的理念和创新精神，善于思维、善于创新，敢于创新成为我们现代人追求的目标。

参考文献

[1] 王朝臣，吴君艳．食品理化检验项目化教程［M］．北京：化学工业出版社，2012.

[2] 刘志宏，蒋永衡．农产品质量检测技术［M］．北京：中国农业大学出版社，2011.

[3] 王亮．食品理化分析［M］．北京：中国农业出版社，2017.

[4] 肖芳，刘春娟．食品理化检验技术［M］．北京：中国质检出版社、中国标准出版社，2017.

[5] 汪东风，徐莹．食品质量与安全检测技术［M］．北京：中国轻工业出版社，2004.

[6] 周家春．食品感官分析［M］．北京：中国轻工业出版社，2013.

[7] 安莹，王朝臣．食品感官检验［M］．北京：化学工业出版社，2017.

[8] 王正云，孙卫华．食品理化检测技术［M］．北京：中国农业出版社，2021.

[9] 冯铭琴．食品分析与检验［M］．北京：机械工业出版社，2014.

[10] 刘金龙．分析化学［M］．北京：化学工业出版社，2013.

[11] 李京东，余奇飞，刘丽红．食品分析与检验技术［M］．北京：化学工业出版社，2016.

[12] 段丽丽．食品安全快速检验［M］．北京：北京师范大学出版社，2014.

[13] 杨严俊．食品分析［M］．北京：化学工业出版社，2013.

[14] 杨玉红，田艳花．食品理化检测技术［M］．武汉：武汉理工大学出版社，2016.

[15] 周光理．食品分析与检验技术（第三版）［M］．北京：化学工业出版社，2015.

[16] 胡雪琴，李晓华．食品理化分析技术［M］．北京：中国医药科技出版社，2019.

[17] 贾君，袁贵英．食品分析与检测技术［M］．北京：中国农业出版社，2018.

[18] 刘丹赤．食品理化检验技术［M］．大连：大连理工出版社，2014.

[19] 刘靖，陈妍．食品理化检验技术［M］．北京：中国农业出版社，2015.

[20] 王一凡．食品检验综合技能实训［M］．北京：化学出版社，2014.